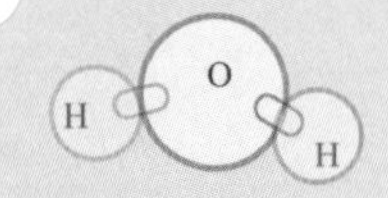

趣味化学之旅

Chemistry is fun!

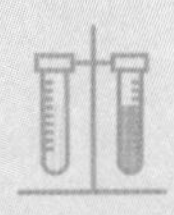

〔英〕戴　伟（David G. Evans）
王桂荣　著

科学出版社
北　京

内 容 简 介

本书通过十组实验鼓励青少年动手实践，让他们更好地理解什么是物质，并探索生活中一些常见物质的重要性质，学会设计实验，探究问题；学习不同材料具有不同的结构和性能；深入理解微粒的概念，初步学习不同的微粒性质，如分子、原子等；学会从微观角度理解物理变化和化学变化的区别；学会定量测量物质含量的方法；了解溶解过程和化学反应中的能量变化；了解影响化学反应速率的因素，从而学习科学方法，了解科学精神，培养科学思维。

图书在版编目（CIP）数据

趣味化学之旅/（英）戴伟（David G. Evans），王桂荣著. —北京：科学出版社，2022.1

ISBN 978-7-03-068624-4

Ⅰ. ①趣…　Ⅱ. ①戴…②王…　Ⅲ. ①化学—青少年—读物　Ⅳ. ①O6-49

中国版本图书馆 CIP 数据核字（2021）第069796号

责任编辑：王亚萍 / 责任校对：张小霞

责任印制：师艳茹 / 整体设计：楠竹文化

编辑部电话：010-64003228

E-mail: wangyaping@mail. sciencep.com

科学出版社 出版

北京东黄城根北街 16 号

邮政编码：100717

http://www.sciencep.com

北京九天鸿程印刷有限责任公司 印刷

科学出版社发行　各地新华书店经销

*

2022 年 1 月第　一　版　开本：787 × 1092　1/16

2022 年 1 月第一次印刷　印张：8 1/4

字数：100 000

定价：38.00元

（如有印装质量问题，我社负责调换）

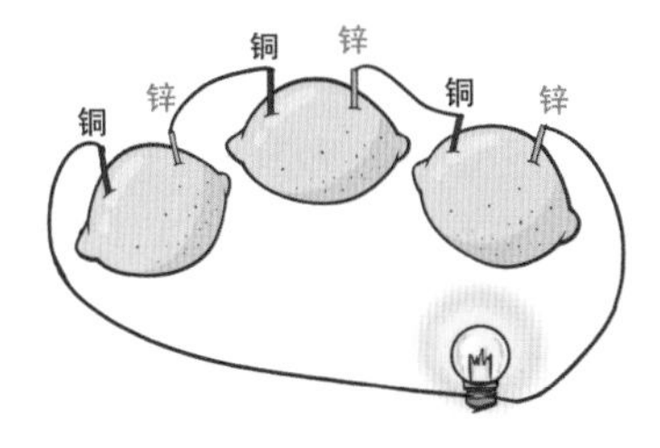

序

化学科普的意义与作用毋庸置疑。

化学是以实验为基础的科学。初学者，特别是中小学学生，在学习化学的过程中，对化学实验往往翘首以盼，这正是学习化学知识的兴趣和动力的源泉。对好奇心最为旺盛的中小学学生，如果没有实验，那么化学的学习过程难免枯燥乏味。以化学元素和生活中的化学常识等题材为主的国内外科普图书正在逐渐形成化学科普体系。其中，不可或缺的，一定是化学实验类科普图书。本书恰恰是从化学科学基础——化学实验的层面，对化学科普体系进行了补缀，以使其更趋完善。虽有很大难度，但作者突破传统化学科普的藩篱，朝乾夕惕并坚持不懈、十年磨一剑，终于得偿所愿。

本书基于化学基础知识，围绕国家课程纲领下学校和社会对青少年科学素养的要求，结合作者十余年的科普创新实践，设计了十套适合中小学学生动手操作的化学实验案例，希望尽可能以系统和严谨的科学内容与精妙的实验设计，培养学生的科学思维、动手能力和安全意识，引

导中小学学生热爱化学，提高自身科学素养。

对于初学者，本书将为您打开化学这一精彩世界的大门，并助您亲自动手探索，置身于化学反应的神奇变化之中，遨游化学知识海洋，在见证“奇迹”的同时激发对科学的兴趣；如果您已具有一定的化学基础，那么本书将带您通过实践领略从宏观化学现象到微观粒子反应规律的美妙过程，使您理解化学反应的深奥本质。正如荀子所言：“不闻不若闻之，闻之不若见之，见之不若知之，知之不若行之。”

如您是中小学化学（科学）教师，亦可从本书中撷取一些实验素材充实自己的课堂教学。本书中的实验案例既深入浅出地诠释了化学实验的基本原理，也不乏化学与日常生活联系的实例，可以让学生深刻理解化学就在身边，每个人的衣、食、住、行、用都与化学息息相关。

化学的本质是创造新物质，当然应是有用的新物质，是国民经济和社会发展的重要支撑之一；但它同时也是丰富多彩、引人入胜和趣味横生的。本书将与您一起开启趣味化学之旅，走进精彩绝伦的化学世界。

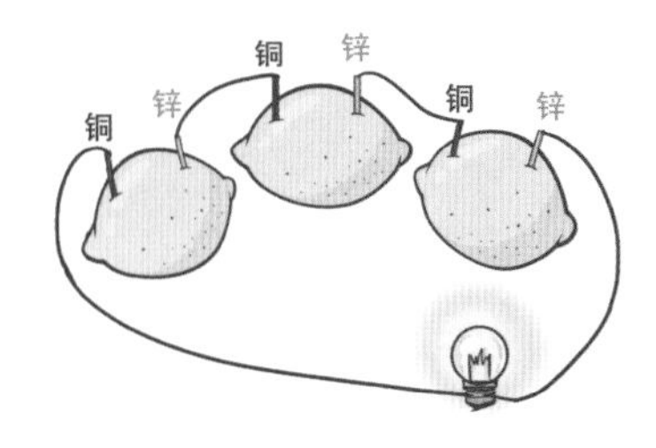

目录

实验安全手册

本书建议实验所需仪器尽可能地选用塑料或有机玻璃制品，做实验时请严格遵守以下原则：

（1）10 岁以下儿童做实验时需老师或家长全程陪同。

（2）做实验前请务必确保佩戴好护目镜、穿上实验服。

（3）实验过程严格按照实验步骤操作，部分实验操作需在老师或家长的协助下进行，请务必遵守。

（4）实验中所用到的所有化学试剂，不要食用或放入口中；实验过程中不能喝水或吃东西。

（5）实验中禁止学生使用明火，实验场地内或附近必须要有水源，一旦试剂进入眼睛应立刻用清水冲洗，如有不适需及时到医院就诊。需要穿戴橡胶手套的实验需严格按照要求操作，以免对皮肤造成伤害。

（6）实验过程中产生的废水请倾倒入卫生间下水道，有特殊规定的按照实验要求操作。

请严格按照实验安全手册和实验步骤进行操作，因未遵循安全手册和实验步骤而造成安全问题，本书不承担法律责任。

部分实验器材图示

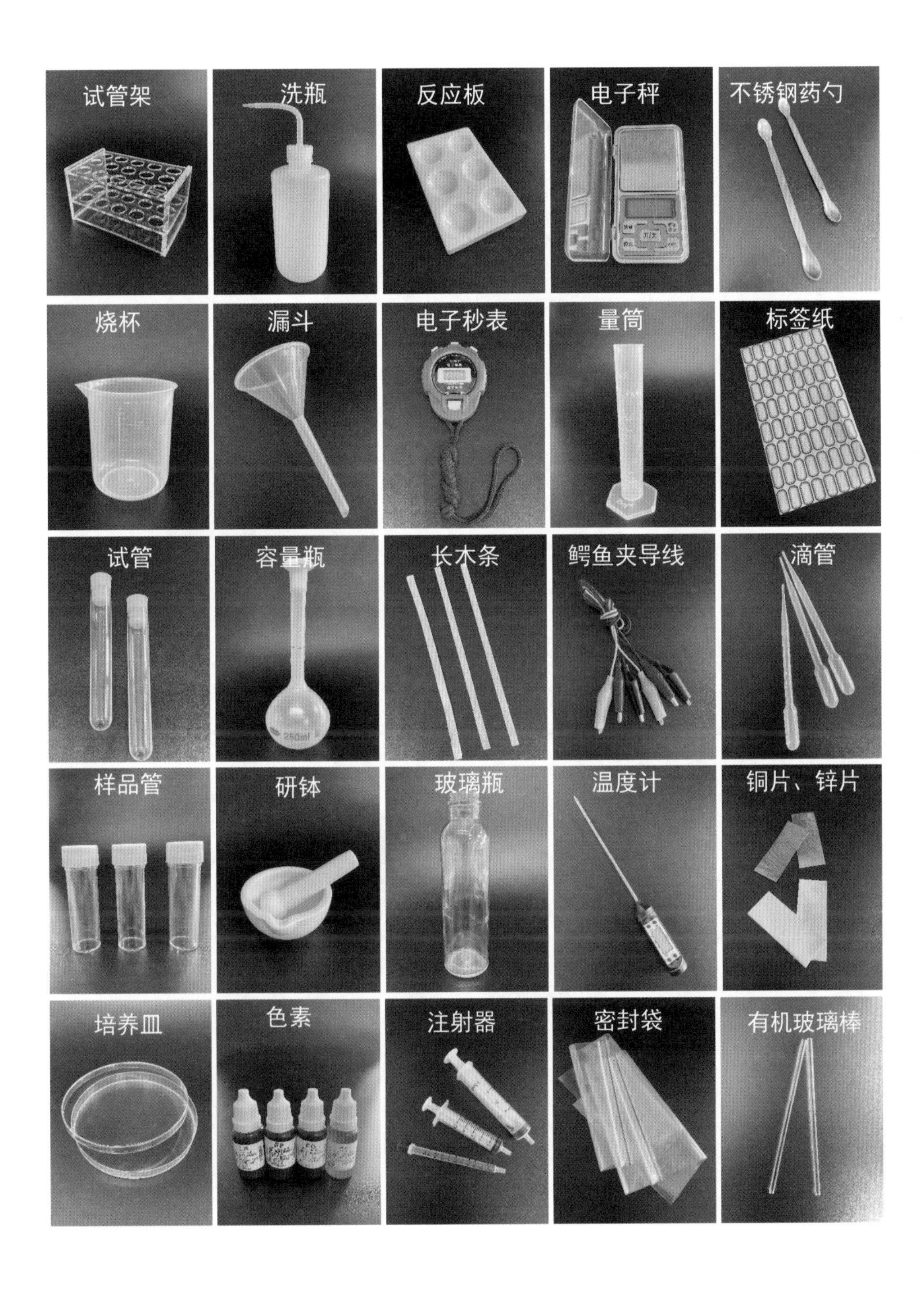

试管架
洗瓶
反应板
电子秤
不锈钢药勺
烧杯
漏斗
电子秒表
量筒
标签纸
试管
容量瓶
250ml
长木条
鳄鱼夹导线
滴管
样品管
研钵
玻璃瓶
温度计
铜片、锌片
培养皿
色素
注射器
密封袋
有机玻璃棒

部分实验器材使用方法

量筒的使用：

量筒用来量取液体的体积，读数时应将量筒放在平整的桌面上，视线与量筒内液体的凹液面保持水平，如图 1。

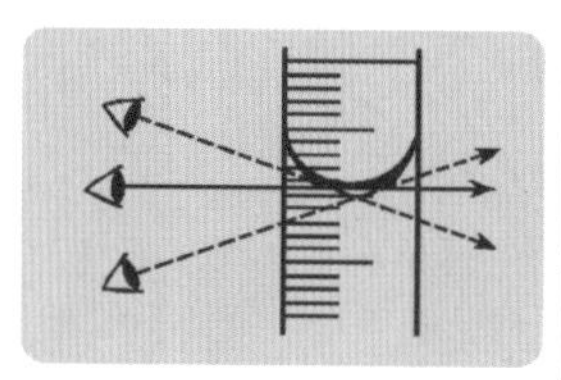

眼睛位置太低，测的体积偏小。

正确位置，测的体积正确。

眼睛位置太高，测的体积偏大。

图 1

洗瓶的使用：

使用洗瓶时，应将手放在洗瓶瓶身处，瓶口对准液体加入的容器，轻轻挤捏洗瓶，如图 2。

图 2

温度计的使用：

在化学实验中，温度计用来测量溶液的温度，使用时应先将开关打开（其他的按钮不要动），将温度计的尖端（温度感应区）插入溶液中，等待示数稳定后进行读数，如图 3。

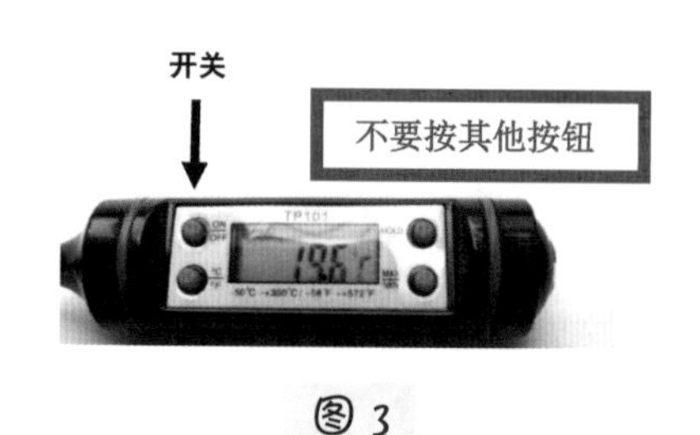

图 3

备注：本书中所有实验用水均为纯净水，不能用自来水或矿泉水代替。

实验一

化学红绿灯

引言

“红灯停，绿灯行，黄灯亮了等一等”，相信大家对我们现实生活中的交通红绿灯都比较熟悉。红绿灯指示着交通规则，告诉我们何时该走，何时该停。同样，在化学世界中，也有“红绿灯”——化学指示剂，而其中最常见的就是酸碱指示剂。

酸碱指示剂是一种用来检测化学物质酸碱性的试剂，由英国化学家波义耳最早发现。据说，酸碱指示剂的发现是一次“美丽的意外”。

有一天，当波义耳打开一瓶浓盐酸时，不慎将几滴浓盐酸溅到紫罗兰花瓣上。他担心酸会腐蚀紫罗兰花，便赶紧把花儿放进了一盆清水里进行清洗，却偶然发现水中的紫罗兰花由蓝紫色变成了红色。随后，他发现其他的酸也会让紫罗兰花瓣由蓝紫色变成红色。

身为化学家，波义耳对这种现象产生了极大兴趣。他查阅大量资料，并进行了大量的实验探究，发现与紫罗兰相似，石蕊也有类似的性质——遇酸会变红色，遇碱变蓝色。波义耳把能区别酸、碱的这些试剂，称为酸碱指示剂。为了方便保管和使用，波义耳还将滤纸放入石蕊溶液中浸泡后取出晾干，制成石蕊试纸。

今天，我们在实验中常用的酸碱指示剂主要有石蕊试纸、酚酞试纸、pH 试纸等，这些都是根据波义耳发现的原理研制而成的。

本节实验中用到的芙蓉花溶液也是一种酸碱指示剂，让我们自己动手做实验来看看生活中的哪些物质是酸性的，哪些又是碱性的，试一试自己做出一组“化学红绿灯”吧！

近代化学的奠基人——罗伯特·波义耳（1627～1691年），提出了“波义耳定律”，著有《怀疑派化学家》。马克思、恩格斯称“波义耳把化学确立为科学”。

波义耳常说：“要想做好实验，就要敏于观察”。敏于观察是学习科学的必备能力，我们也应该在实验中培养这种敏于观察的良好科学习惯。

（A）预备工作

戴护目镜、穿实验服，**严格按照安全手册和实验步骤操作**。

将纯净水（注：不能用自来水或矿泉水）倒进洗瓶，按照下表准备相应实验材料。

塑料反应板	试管架（15 孔）
小量筒（25 mL）	短试管（10 cm）6 个
小烧杯（250 mL）	长试管（15 cm）1 个
不锈钢药勺	芙蓉花（干花）
洗瓶	白糖（2 g）
标签纸 10 个	小苏打（50 g）
漏斗（直径 7.5 cm）	除油清洁剂（50 mL）
滴管 10 个	柠檬汁（20 mL）
圆形滤纸 1 张	白醋（50 mL）
有机玻璃棒	洁厕剂（50 mL）
洗衣粉	样品管（25 mL）

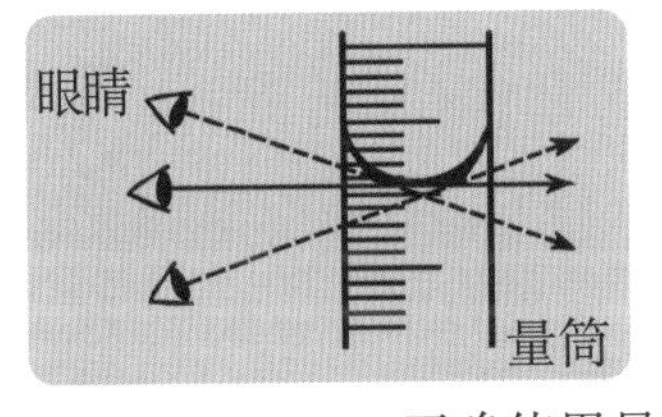

正确使用量筒

小苏打，即碳酸氢钠，是一种无机盐，白色结晶性粉末，无臭，味碱，易溶于水。在潮湿空气或热空气中即缓慢分解，产生二氧化碳，常用于制作饼干、糕点、馒头、面包等的膨松剂。

（B1）自制酸碱指示剂

（1）取3颗芙蓉花（花瓣小的话可取5颗），用手将花瓣撕成小片，放入小烧杯，用量筒取30毫升（mL）纯净水倒进小烧杯中，用有机玻璃棒将芙蓉花搅拌5分钟。

（2）将长试管放在试管架上，把漏斗插入试管中。

（3）取一张滤纸，折叠后置于漏斗中。

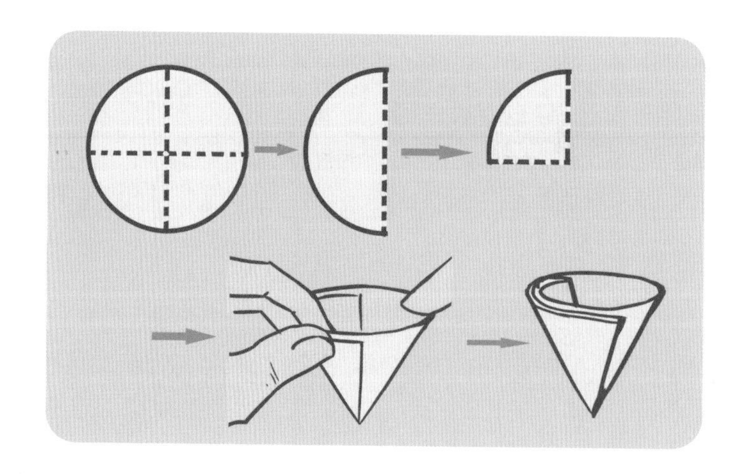

（4）用有机玻璃棒将芙蓉花瓣推到一侧，将剩余液体倒入装有滤纸的漏斗，把混合物过滤，得到**自制芙蓉花指示剂**。

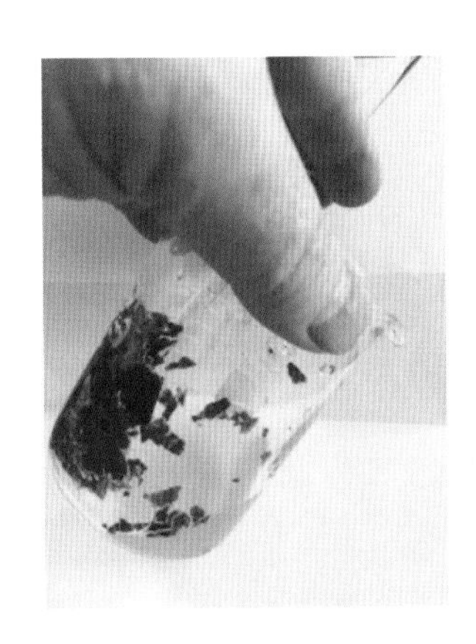

（5）用洗瓶向塑料反应板的孔中加入适量水，用干净的滴管加入 10 滴芙蓉花溶液。观察实验前后液体颜色的变化，完成实验记录。

根据下表，选取一些常见物质（液体或固体）分别加入塑料反应板的孔中，用干净的滴管加入 10 滴芙蓉花溶液。观察芙蓉花指示剂液体颜色的变化，完成实验记录。

（6）与其他同学交换物质，重复实验。

（7）反应板使用完后，将溶液倒入废液盆里，并用洗瓶将反应板洗干净。

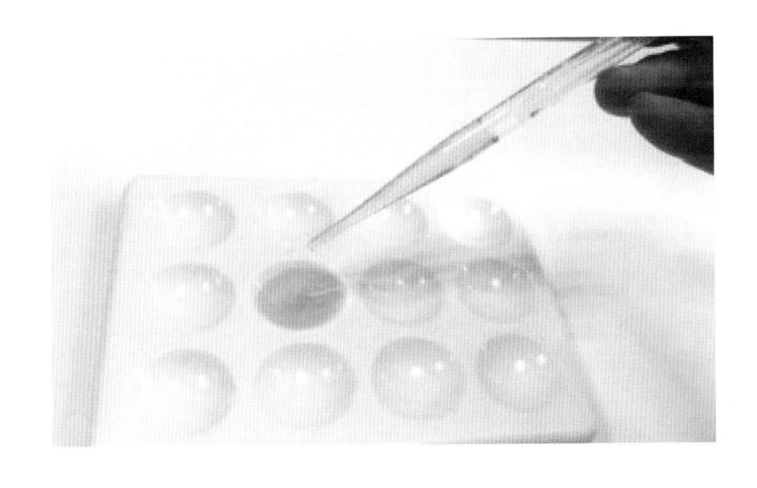

序号	测试物质	颜色的变化	结果分析
1	水		
2	白醋		
3	小苏打		
4	除油清洁剂		
5	柠檬汁		
6	白糖		
7	洁厕剂		
8	洗衣粉		

酸性物质（白醋、柠檬汁、洁厕剂等）与芙蓉花溶液会发生化学反应，产生新的红色物质。

碱性物质（洗衣粉、小苏打、除油清洁剂等）与芙蓉花溶液发生化学反应，产生新的绿色物质或黄色物质。不同颜色的物质表示不同碱性强度，分别为弱碱性与强碱性。

加水和白糖时，芙蓉花溶液的颜色仍是浅粉色，只不过颜色变得更浅了。稀释后的芙蓉花溶液没有产生新的物质，所以这是**物理变化**，而不是化学变化。

化学的“化”是变化的“化”，化学家研究的正是物质的变化：**在化学反应中，一种或多种物质因分解或相互结合形成新的物质。**

稀释属于**物理变化**

例如，橙汁加水后味道变淡，但仍是橙汁，没有变成苹果汁或其他物质。

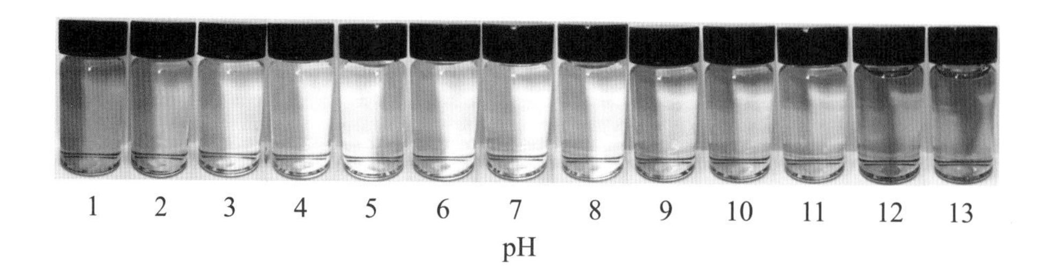

芙蓉花溶液可作为一种**酸碱指示剂**测定物质的酸碱性。

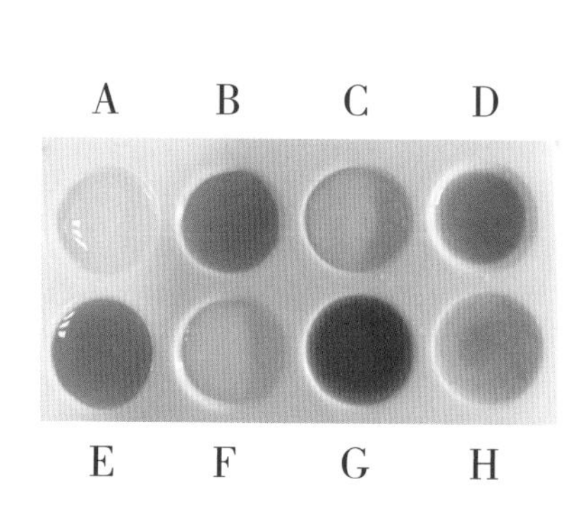

A 水

B 白醋

C 小苏打

D 除油清洁剂

E 柠檬汁

F 白糖

G 洁厕剂*

H 洗衣粉

回家继续做实验！

1. 猜一猜你喝过的饮料是酸性的，还是碱性的？用你的酸碱指示剂检验一下！

2. 你还能想到哪些物质？测一下它们的酸碱性！

---

* 洁厕剂具有强酸性，在使用时一定要注意安全。

（B2）用芙蓉花溶液辨别两种物质的化学反应

（1）将试管编号为 1 ～ 6，用滴管向试管 1 中加入一点白醋。

（2）用滴管加入几滴芙蓉花溶液。

（3）慢慢向试管 1 中滴加洁厕剂，摇匀，观察现象，并在下表中记录。

（4）用不锈钢药勺取一些小苏打加入试管 2 中，加入几滴芙蓉花溶液，再向试管 2 中加入一些洗衣粉，观察现象并记录。

（5）依次选取一种常见物质（甲）和另一种物质（乙），重复步骤（1）至（3）。

（6）观察液体颜色的变化，除颜色变化外，还有其他的变化吗？

（7）完成实验记录，用洗瓶把所有仪器清洗干净，将废水倒入废液盆里。

编号	物质（甲）	物质（乙）	颜色的变化或其他变化	结果分析
1	白醋	洁厕剂		
2	小苏打	洗衣粉		
3				
4				
5				
6				

酸性物质＋酸性物质 ⟶ 芙蓉花溶液颜色没有变化
碱性物质＋碱性物质 ⟶ 芙蓉花溶液颜色没有变化
酸性物质＋碱性物质 ⟶ 芙蓉花溶液发生颜色变化

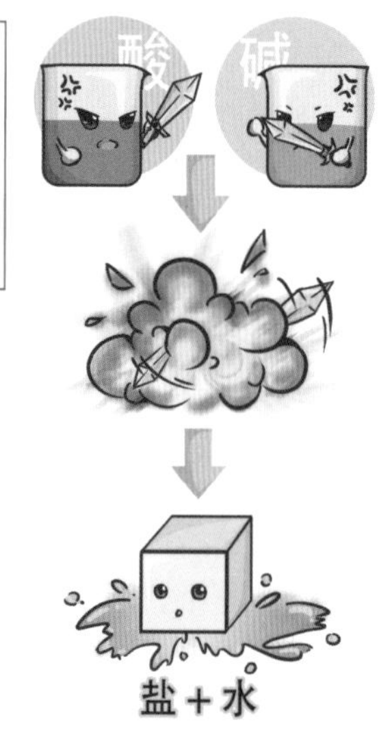

酸性物质和碱性物质会发生中和反应，使芙蓉花溶液的颜色发生变化。

例如，往酸性物质中加入碱性物质时，会产生新的中性物质：

酸性物质＋碱性物质 ⟶ 盐*＋水

继续加碱时，碱性越来越强，芙蓉花溶液的颜色会连续变化。另外，也许还会产生其他新产物，例如：

白醋＋小苏打 ⟶ 盐＋水＋二氧化碳（气泡）

苏打水等带气的饮料都含有二氧化碳，统称为碳酸饮料。

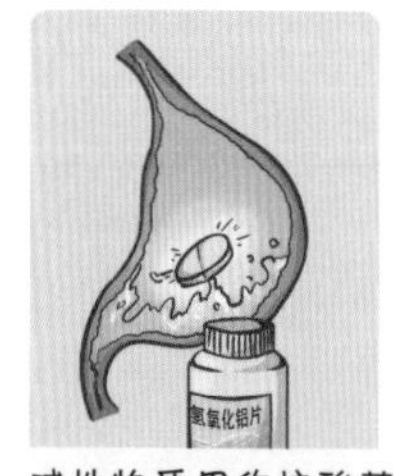

碱性物质用作抗酸药可治疗胃酸过多

使用碱性物质（如石灰）可改良酸性土壤

生活中的酸碱中和反应

* 这里的盐指的是化学中的盐类化合物，是广义概念，不是指我们的食用盐（NaCl），下同。

(C)用酸碱指示剂做“化学红绿灯”

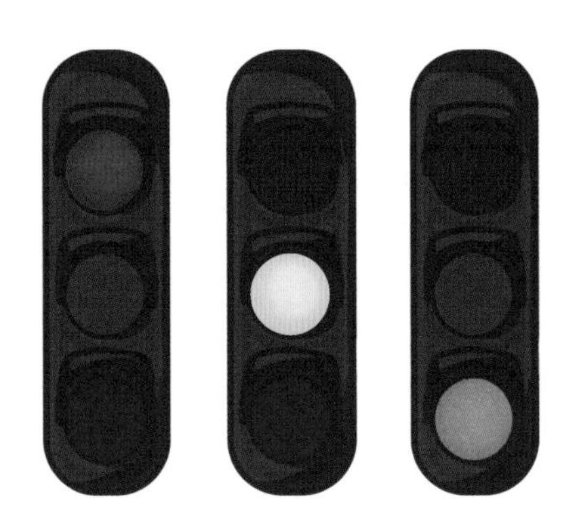

(1)用标签纸将样品管标记为 1 ～ 3 号，向 1 号样品管中加入 20 滴洁厕剂，再用滴管滴加 20 滴芙蓉花溶液。

(2)用不锈钢药勺向 2 号样品管中加入小半勺小苏打，再向样品管中滴加 20 滴芙蓉花溶液。

(3)向 3 号样品管中加入 20 滴除油清洁剂，再向其中滴加 20 滴芙蓉花溶液。

(4)观察三个样品管的颜色变化。

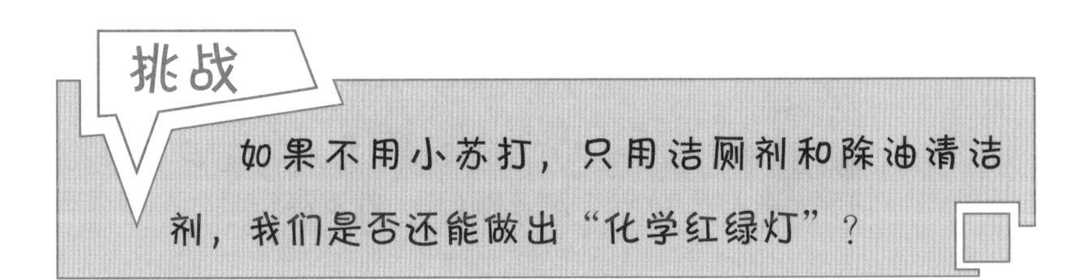

你能做出“化学红绿灯”吗？

（5）取一支干净的试管，加入 10 滴洁厕剂，再加入 30 滴芙蓉花溶液，然后在试管中滴加两滴除油清洁剂，摇匀，继续滴加除油清洁剂（每次加两滴并摇匀），观察并记录现象。

用洗瓶把所有实验仪器洗干净，将废水倒入废液盆里。

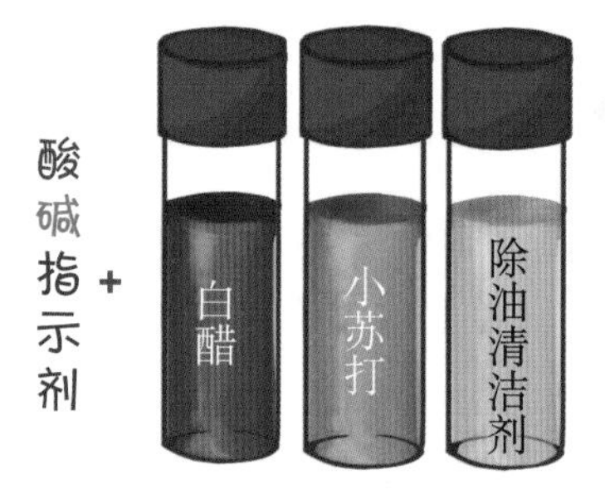

向**酸性**的洁厕剂中滴加芙蓉花溶液，可以得到红色的“灯”。我们可以用**弱碱性**的小苏打和芙蓉花溶液混合得到绿色的“灯”。向**强碱性**的除油清洁剂中滴加芙蓉花溶液，可以得到黄色的“灯”。

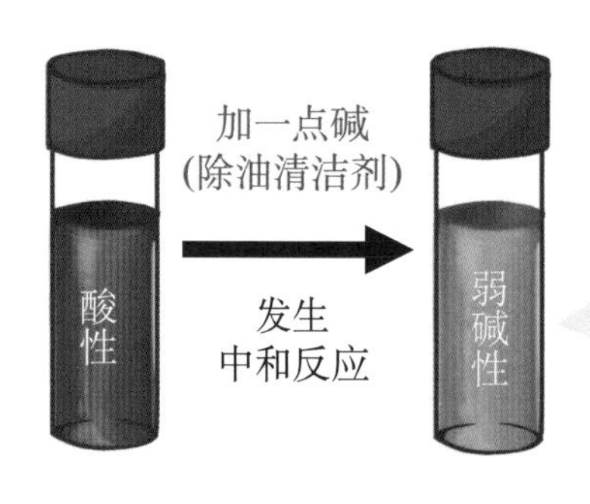

如果没有小苏打，我们可以在洁厕剂中慢慢滴加除油清洁剂，它们会发生酸碱中和反应，溶液逐渐从**强酸性**变成**中性**，再变成**弱碱性**。芙蓉花溶液与弱碱性的溶液混合会变成绿色的“灯”。

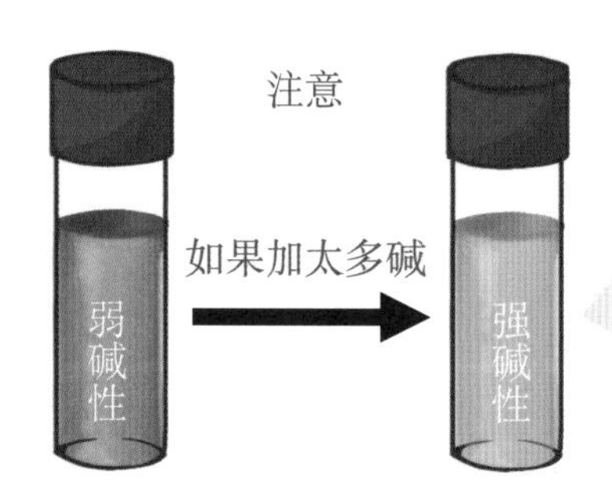

需要注意的是，如果向洁厕剂中加入的碱太多，溶液则会变成**强碱性**，所以溶液会变为黄色。

小结

我学到了什么？

1.

2.

3.

回家继续做实验！

其他植物可以作为酸碱指示剂吗？

你可以试一试！

引言

古人常说“眼见为实”，但存在的物质都能被我们看见吗？在实验一“化学红绿灯”中，我们已经学会了利用芙蓉花或紫甘蓝浸泡在水中从而得到酸碱指示剂溶液。芙蓉花溶液的浅粉色和紫甘蓝溶液的紫色可以告诉我们，溶液中存在芙蓉花或紫甘蓝的提取液，那是不是溶液中所有的物质都可以被看见呢？如果一种液体没有颜色，我们该如何判断液体中是否存在其他物质？

传说大约两千年前，罗马统帅狄杜进兵耶路撒冷，攻到死海岸边，下令处决俘虏来的奴隶。奴隶们被投入死海，并没有沉到水里淹死，却被波浪送回岸边。狄杜勃然大怒，再次下令将俘虏扔进海里，但是奴隶们依旧安然无恙。狄杜大惊失色，以为奴隶们受神灵保佑，屡淹不死，只好下令将他们全部释放。

——节选自《死海不死》一文，作者刘兵

那么，传说中保佑奴隶的“神灵”究竟为何物？我们将通过实验来探索“看不见的存在”，看看有哪些物质会和你玩“捉迷藏”？它们又是如何“消失不见”的？

带着这些疑问，让我们一同开启探索之旅吧！

(A) 预备工作

戴护目镜、穿实验服，**严格按照安全手册和实验步骤操作**。

将**纯净水**（注：不能用自来水或矿泉水）倒进洗瓶，按照下表准备相应材料。

烧杯（250 mL）2个	试管架
小量筒（25 mL）2个	样品管（25 mL）6个
大量筒（100 mL）	长试管（15 cm）1个
不锈钢药勺	称量杯（30 mL）3个
漏斗2个	工业盐（20 g）
秒表	食盐（20 g）
电子秤	玉米淀粉（100 g）
有机玻璃棒	白糖（2 g）
小密封袋2个	培养皿（直径15 cm）1套
滴管5个	巧克力（2 g）
圆形滤纸2张	白沙子（5 g）
标签纸16个	橙汁粉（5 g）
洗瓶	红、黄、蓝、绿、紫色的色素（10 mL）各1份

（B1）固体是否能溶于水

（1）用标签纸将 4 个样品管编号为 1 ～ 4 号。

（2）用量筒分别向 1 ～ 4 号样品管中加入 20 mL 纯净水。

正确使用电子秤

（3）取出电子秤，按下开关键，将称量杯放在电子秤上，然后按“清零”键，电子秤显示为“0.00”。用不锈钢药勺向称量杯中加入食盐，称取 1.0 克（g）食盐。

（4）预测食盐倒入 1 号样品管中会发生什么？把你的预测填写在下表中。

（5）预测后将食盐倒入 1 号样品管，摇匀。观察现象并记录实验结果。

（6）分别用白沙子和样品管2、玉米淀粉与样品管3、橙汁粉与样品管4重复步骤（3）至（5）。

编号	测试物质	预测结果	实际结果
1	食盐		
2	白沙子		
3	玉米淀粉		
4	橙汁粉		

白沙子不溶于水，白沙子与水无法混合均匀，白沙子和水都还存在。

玉米淀粉不溶于水，玉米淀粉和水形成浑浊的混合物，但玉米淀粉与水都还存在。

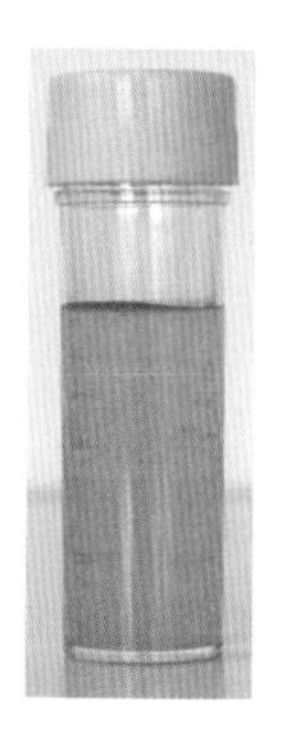

橙汁粉可溶于水，看不到原来的橙汁粉了，可以看到溶液变成橙黄色，而且有橙汁的味道（做实验的溶液不能喝），说明橙汁粉还在。

食盐溶于水后看不见，水有咸味（做实验的溶液不能喝），所以食盐和水都还存在。但为什么看不见食盐了？

白沙子和玉米淀粉都不溶于水，但白沙子的密度大，所以会沉在底部；玉米淀粉密度小，所以会部分悬浮在水中。

（B2）固体在水中的溶解量有限吗?

（1）将 1 ～ 4 号样品管洗干净，并将另外两个样品管编号为 5 和 6。用量筒分别向 1 ～ 6 号样品管中加入 10 mL 纯净水。

（2）将称量杯放在电子秤上，按“清零”键，显示“0.00”，用不锈钢药勺向杯子中加入白糖，称取 2.0 g 白糖。

（3）将称量好的白糖加入样品管 2 中，盖上盖子，摇匀。观察现象并记录实验结果。

（4）分别用 4.0 g 白糖和样品管 3，8.0 g 白糖和样品管 4，12.0 g 白糖和样品管 5，25.0 g 白糖和样品管 6，重复步骤（2）和（3）。

（5）保留 1 ～ 5 号样品管里白糖溶液，下个实验会继续用。

编号	白糖的量（g）	实验结果
1	0.0	
2	2.0	
3	4.0	
4	8.0	
5	12.0	
6	25.0	

下图表示，不断地往溶液中加溶质，直至溶质不再溶解。

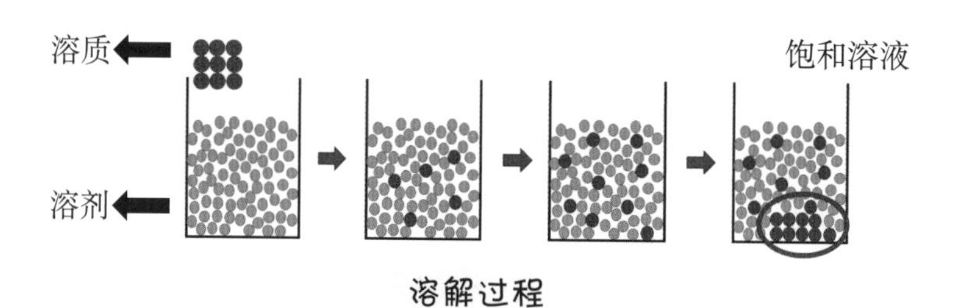

溶解过程

溶解：两种或两种以上的物质混合均匀的过程就是溶解。得到的混合物叫作**溶液**。

溶质：溶液中被溶剂溶解的物质。

溶质可以是固体（如溶于水中的白糖）、液体（如溶于水中的酒精）或气体（如溶于碳酸饮料中的二氧化碳）。

溶剂：是一种液体，可以溶解固体、液体或气体溶质。在日常生活中最常见的溶剂是水。

饱和溶液：如不同质量的白糖溶解在水中，形成不同浓度的白糖溶液。但白糖不能无限地溶解在水中，当白糖不能再溶解时，白糖溶液就达到了饱和状态。

例如，泡速溶咖啡时，咖啡粉是溶质，水是溶剂。

（B3）自制彩虹

（1）向**实验**（B2）的样品管1～5中分别添加两滴红色色素、两滴黄色色素、两滴绿色色素、两滴蓝色色素、两滴紫色色素，把5个样品管盖好盖子，摇匀。

（2）将一个长试管放在试管架上，用干净的滴管吸取**样品管**5中的紫色溶液，轻轻地将液体加入长试管中。

（3）取另一个干净的滴管，吸取**样品管**4中的蓝色溶液，将滴管靠在试管壁上，轻轻地把溶液挤出，使溶液缓慢流入长试管中。

（4）按照步骤（3），用干净的滴管，分别吸取**样品管**3、**样品管**2**和样品管**1中的溶液，慢慢地加入长试管中。

你成功做出彩虹了吗？

密度是指一种物质单位体积下的质量。不同物质一般具有不同的密度。

相同体积的水，加入的白糖越多，溶解在水中的白糖也就越多，所形成的溶液密度就越大。我们将白糖溶液按照密度由大到小的顺序依次加到试管中，所以“彩虹”可以较稳定地存在。

（C1）白糖和巧克力接触热水有什么区别吗？

（1）称取 2.0 g 白糖，装入小密封袋中；取出巧克力，装入小密封袋中。

（2）向烧杯中加入 100 mL 热水（小心别被烫到）。

（3）预测：两个密封袋放在热水中会发生什么现象？把你的预测填写在下表中。

（4）把两个小密封袋放在热水中，观察现象并记录实验结果。

（5）把两个袋子捞起来并使其冷却。把预测填在下表中，观察现象并记录实验结果。

样品	你的预测	实验结果
巧克力在热水中		
巧克力冷却后		
白糖在热水中		
白糖冷却后		

白糖在常温下会**溶解**于水，然而在高温（185℃左右）下才**熔化**。

巧克力不溶于水，但有时在常温下就会**熔化**（36℃左右）。巧克力受热熔化成液态巧克力浆，冷却后凝固为块状。

固态 ⇄ 液态（熔化：固态→液态；凝固：液态→固态）

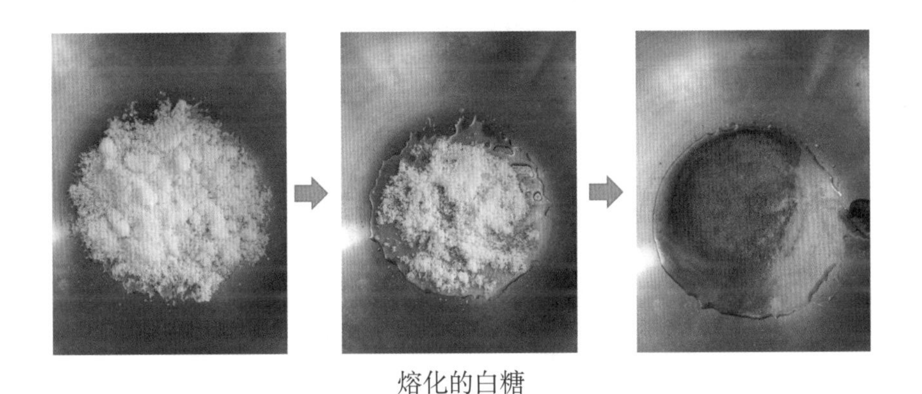

熔化的白糖

物质熔化与凝固的过程都没有产生新的物质，因此这是物理变化，**不是化学变化。**

熔化的过程会吸热，凝固的过程会放热。

（C2）冬天在路面撒大量的工业盐为什么可以使冰雪融化？

（1）漏斗 1 和 2 分别插入量筒 1 和 2 中。

（2）把大小相近的冰块分别放在两个漏斗中。

（3）在漏斗 2 里的冰块上撒一些盐，如下图。

向漏斗 2 中的冰块上撒盐

（4）用秒表开始计时，如下图。

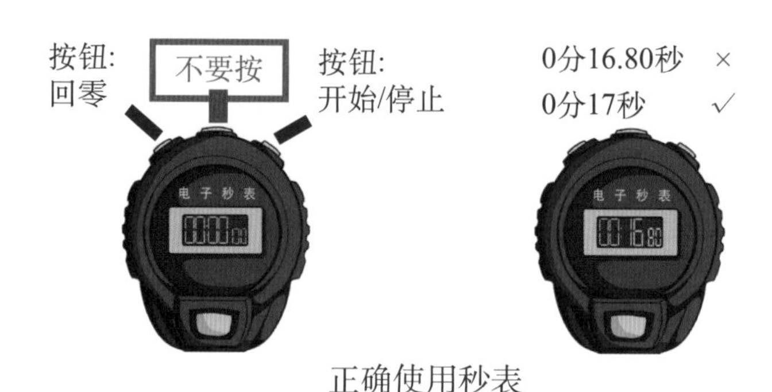

正确使用秒表

（5）每隔 5 分钟观察量筒 1 与 2 的水量，并记录在下表中。

时间（分钟 /min）	量筒 1 中的水量（mL）	量筒 2 中的水量（mL）
0		
5		
10		
15		
20		

（C3）工业盐怎么会变成食盐?

（1）用肉眼分别检查工业盐与食盐样品。两种物质有什么相同点与不同点？记录观察结果。

（2）分别用量筒取 25 mL 纯净水倒进 1 号和 2 号烧杯中。

（3）称取 5.0 g **工业盐**，加入 1 号烧杯中；称取 5.0 g **食盐**加入 2 号烧杯中，分别用有机玻璃棒搅拌。再次仔细观察，并记录现象。

（4）将 1 号烧杯中的液体过滤（参照实验一中的 B1），过滤液倒入 1 号培养皿中；2 号烧杯中的溶液直接倒入 2 号培养皿中。

（5）把培养皿放在不会落灰的地方静置，等待水分蒸发，留到下次实验时再观察。

（6）下次实验时，使用放大镜分别检查两个培养皿中的固体。

工业盐与食盐有什么不同点？	工业盐与食盐有什么相同点？

用洗瓶把所有实验仪器洗干净，将废水倒入废液盆里。

工业盐中含有不溶于水的黑色固体杂质，色泽灰暗，多为颗粒状。

食盐质白，呈细沙状。

相同点：白色的颗粒，都溶于水。

为什么用过滤的方法可以将工业盐中的固体杂质和盐分离？培养皿中的现象又能说明什么？

工业盐中的固体杂质不能溶于水，而盐可以，过滤后，难溶的固体杂质遗留在滤纸上，盐随水进入过滤液中。所以，通过**过滤**的方法可以把固体杂质从工业盐中分离出来。

培养皿中的过滤液放置一段时间后水分蒸发，原来溶解在水中的盐又出现了，形成白色的固体（与食盐一样），这说明虽然我们看不见溶解在水中的盐，但盐仍然**存在**。

虽然过滤后的工业盐比之前的干净一些，但其中还含有能溶于水的杂质，不能通过过滤的方法除去，所以得到的盐还是不能食用！

小结

我学到了什么？

1.

2.

3.

回家继续做实验！

1. 你会配制饱和食盐水吗？将食盐溶解在水中，看看最多能溶解多少克？生鸡蛋分别放在水与饱和食盐水中，呈现的现象有区别吗？

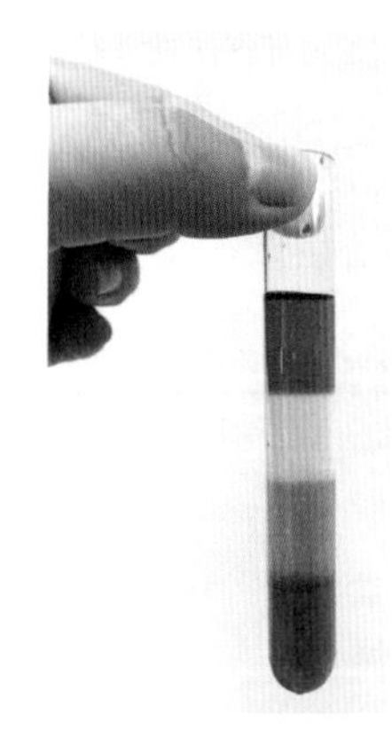

2. 试试看能不能用滴管或量筒制造出“彩虹”？将实验顺序从上到下换过来，变成“紫蓝绿黄红”，预测一下还能形成“彩虹”吗？

3. 自己配制不同浓度的白糖溶液，将不同固体（橡皮、硬币等）放入不同浓度的白糖溶液中，观察呈现的现象。

实验三 巧克力豆的秘密

引言

我们曾吃过五彩缤纷的巧克力豆，可我们有没有认真地把一颗巧克力豆打开观察过？巧克力豆里面都有哪些成分？通过实验二“看不见的存在”，我们知道了有些固体，如白糖、食盐等可溶解到水里；有些固体，如玉米淀粉、沙子等则不能溶解在水中。其实，不仅固体物质可以溶解到水里，很多液体也可以溶解到水里，如酒精、醋酸等；有些气体也可以溶解在水中，如碳酸饮料中就溶解了大量的二氧化碳气体，这就是为什么当我们打开碳酸饮料瓶子时会有“噗”的声音（同样的，为什么喝完碳酸饮料容易呃逆，也就是我们常说的打嗝）；还有为满足家养鱼儿呼吸的需要，定期往鱼缸里加入氧气。

通常白糖、食盐、酒精、二氧化碳等能够溶解于水或其他液体中的物质被称为溶质，而溶解这些溶质的水或其他液体则被称为溶剂，溶质和溶剂共同形成的均一混合体便称为溶液。

接下来的实验，我们将一起探索“巧克力豆的秘密”，看看巧克力豆是否能溶解在水中，又有哪些因素会影响它的溶解？

(A)预备工作

戴护目镜、穿实验服，严格按照安全手册和实验步骤操作。

将纯净水（注：不能用自来水和矿泉水）倒进洗瓶。按照下表准备相应材料。

大量筒（100 mL）	称量杯 3 个
电子秤	白糖
不锈钢药勺	培养皿（直径 15 cm）3 套
秒表	巧克力豆
有机玻璃棒	洗瓶
小烧杯（250 mL）3 个	白纸
铅笔	圆规

(B1)仔细观察巧克力豆

你吃过五彩缤纷的巧克力豆吧，它是由什么组成的？那些漂亮的颜色是怎么来的呢？

（1）任选一颗巧克力豆，仔细观察并描述它的外观。

（2）将一颗巧克力豆打破，看看它的里面是什么样子，描述你看到了什么，并画图表示。

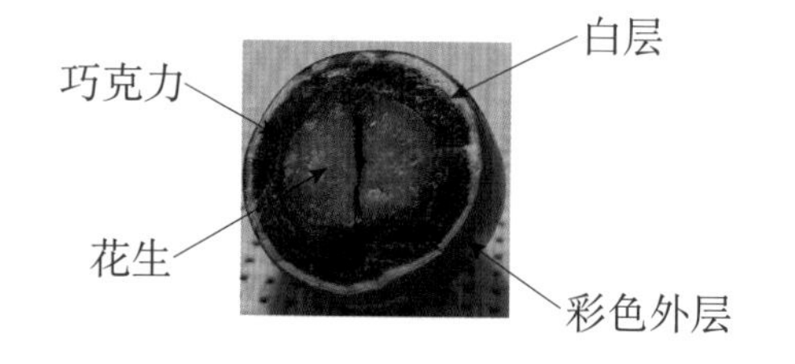

巧克力豆中的白层是什么？能溶于水吗？

巧克力豆的彩色外层能溶于水吗？

巧克力能溶于水吗？

（B2）把巧克力豆放入水中会发生什么现象？

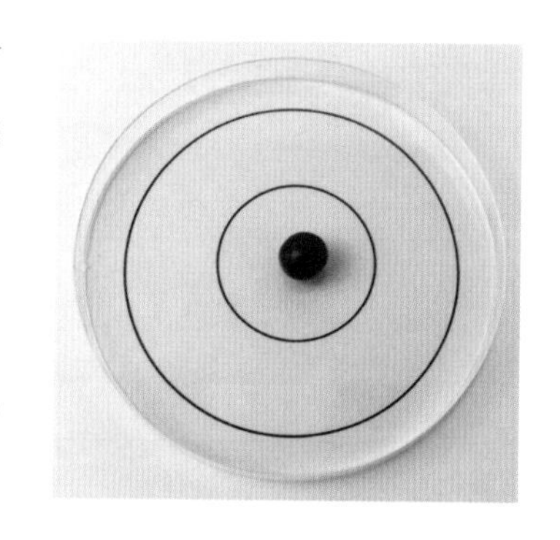

（1）在白纸中心位置写上“×”，将一个培养皿放在白纸上，确认纸上的“×”在培养皿中心。用量筒量取 150 mL 水倒入培养皿中，等待片刻，待水静止。

（2）将一颗巧克力豆放到培养皿中心，观察约 2 分钟（**注意**不要碰到桌子或培养皿）。

（3）描述你看到了什么现象并画图表示。

提示：可以从不同角度观察哦！

思考：巧克力豆溶解到水中的是哪一部分？

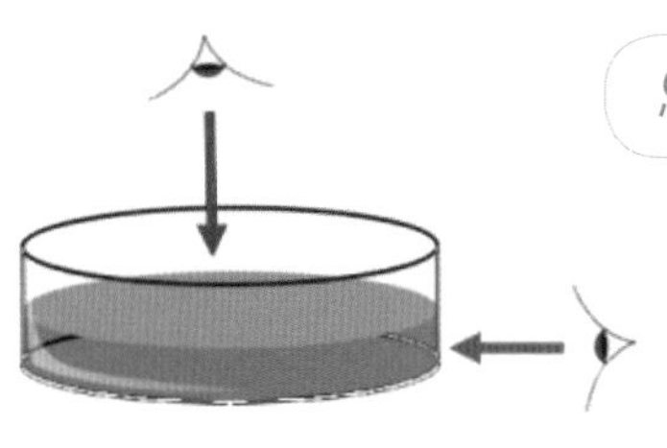

从不同角度观察，你会发现不同的现象。

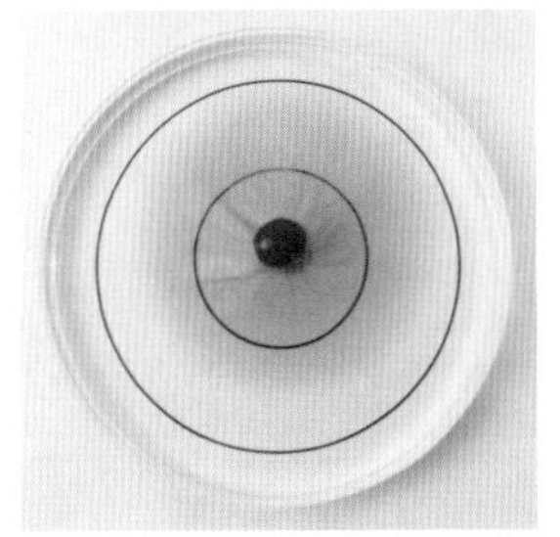
俯视观察

俯视观察，巧克力豆的彩色外层溶解到水中，而且形成一个均匀的圆。

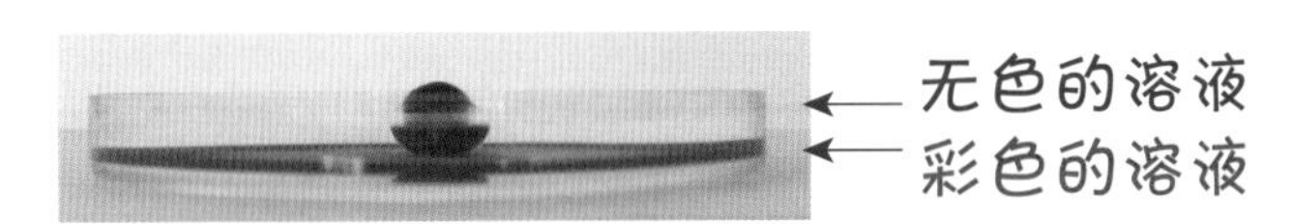

侧面观察

从侧面看，巧克力豆外面的彩色外层不仅溶解到水中，我们还会发现培养皿中的溶液分成了两层，底层是彩色的溶液，上层是无色的溶液。

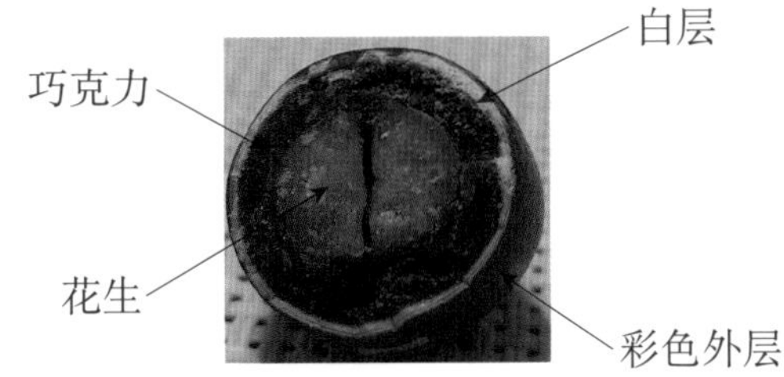

彩色外层与白层部分（糖）一起溶解于水，并不断均匀地向外扩散

糖水密度大于水的密度

↓

糖水沉在底部，水在上层

上坡下坡

逆风跑

在泥浆中奔跑

在烈日下

负重跑

人在不同的条件和状态下奔跑的速度是不同的

同理，影响彩色外层溶解速度的因素有很多，哪种因素会影响巧克力豆彩色外层溶解于水的速度呢？

可能的影响因素：

巧克力豆的颜色

水的温度

溶质的浓度

注意：影响某个现象（如溶解速度）也许有多种因素，进行实验探究时，必须用**控制变量法**，即只改变其中一个因素，控制其他因素不变。

（C1）探究不同颜色是否影响巧克力豆彩色外层的溶解速度

（1）用圆规和铅笔在白纸上画一个圆圈（直径15 cm），并在中心标记叉号（×），如右图所示。将一个培养皿放在带字母的白纸上，确认纸上的“×”位于培养皿中心。

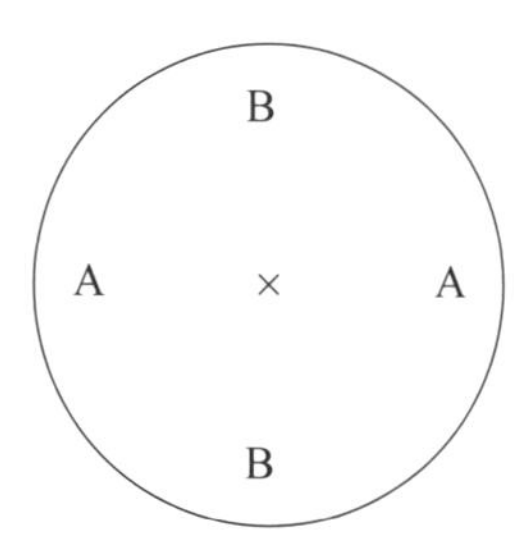

（2）用量筒量取 150 mL 水倒入培养皿中，等待片刻，待水静止。

（3）**预测**：将两颗不同颜色的巧克力豆分别放在两个 A 的位置上，会有什么现象？用彩色笔画出你观察到的现象。

预测结果：	实际结果：

（4）用洗瓶把培养皿洗干净，把废水倒入废液盆中。

（5）把培养皿按照步骤（1）放在白纸上。

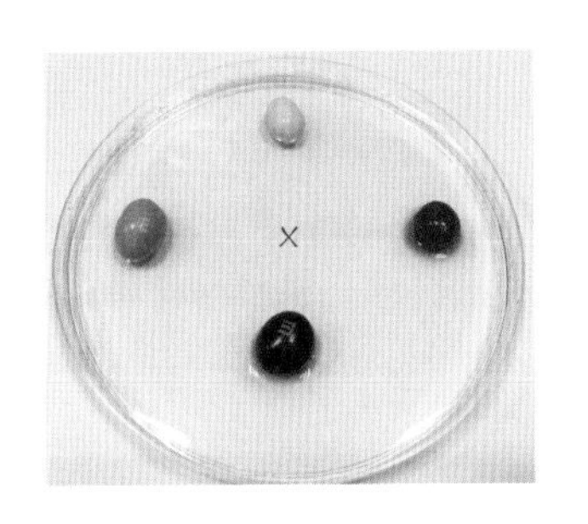

（6）用量筒量取 150 mL 水放入培养皿中，等待片刻，待水静止。

（7）**预测**：将 4 颗不同颜色的巧克力豆分别放在两个 A 与两个 B 位置的水中会出现什么结果？记录实验结果。

预测结果：	实际结果：

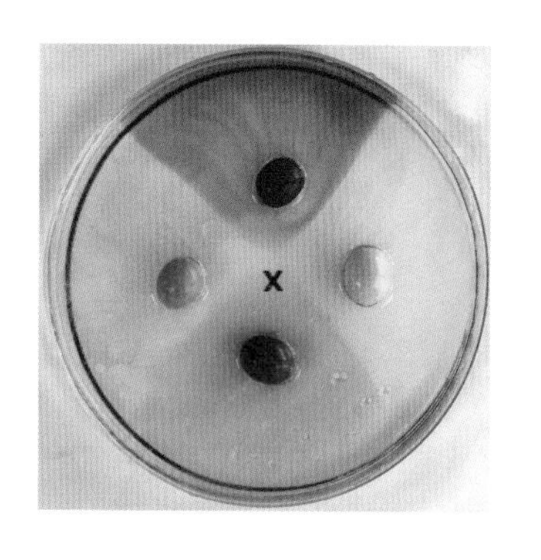

控制变量法：

控制其他条件（水的温度和溶质浓度）不变，只改变巧克力豆外层的颜色。

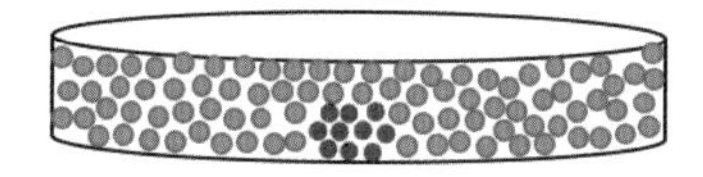

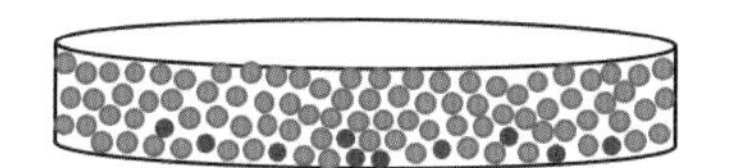

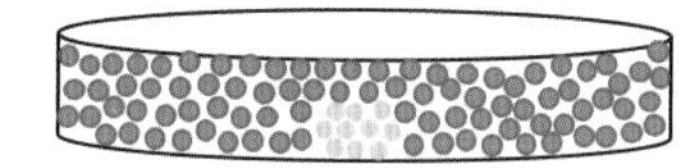

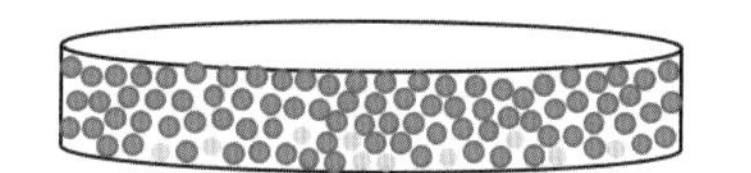

口语化表达：溶解速度差不多。

科学化表达：有一些微妙的差距，但都在实验误差允许的范围内。

实验结论：巧克力豆彩色外层的颜色不会影响其溶解于水的速度。

（C2）探究水的温度是否影响巧克力豆彩色外层的溶解速度

（1）用圆规和铅笔分别在3张白纸上画上两个圆圈，直径分别为8 cm和12 cm，并在中心位置标记叉号（×），如下图所示。把3个培养皿分别放在画有圆圈和“×”的白纸上，确认“×”位于培养皿的中心位置。

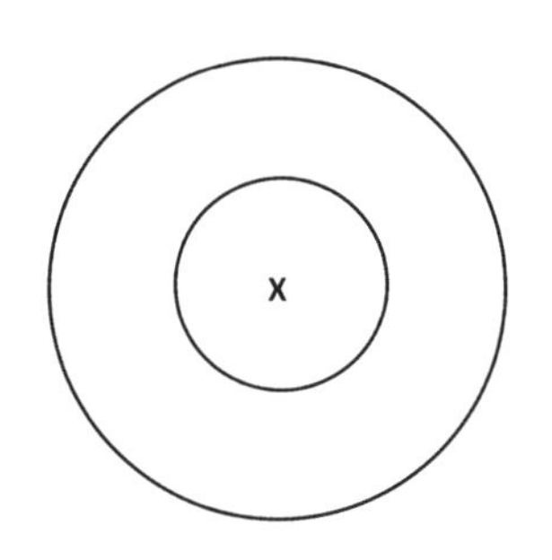

（2）3位同学分别量取150 mL常温水、冰水、热水（小心别被烫伤），倒入培养皿中，等待片刻，待水静止。

（3）选择**相同颜色**的3颗巧克力豆，在**同一时间**分别放入培养皿中心，打开秒表开始计时，等每个培养皿中溶解的彩色分别到达**第二个圆圈**时停止计时，在下表中记录时间。

同时记录另2位同学的实验结果。

（4）对比3个人的实验结果，是否有足够的证据证明在不同温度下巧克力豆彩色外层在水中的溶解速度不同？

温度	时间	结果分析
常温水		
冰水		
热水		

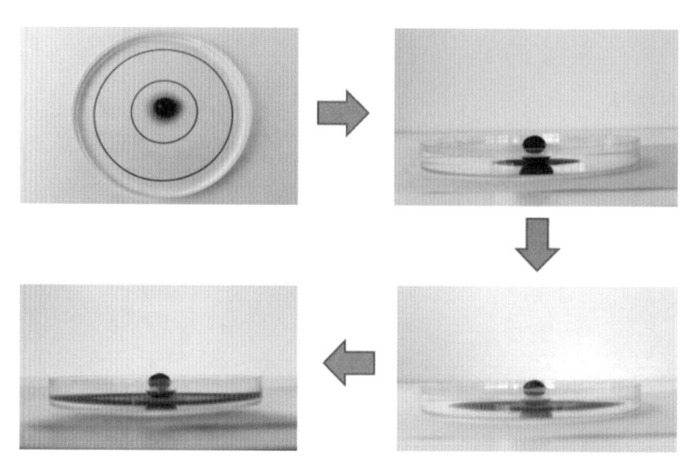

彩色涂层的溶解过程

低温：
水与色素微粒（分子）运动速率慢。

高温：
水与色素微粒（分子）运动速率快。

控制变量法： 控制外层颜色和溶质的浓度不变，只改变水的温度。

实验结论： 水的温度会影响巧克力豆彩色外层在水中的溶解速度。

（C3）探究不同的糖水浓度是否影响巧克力豆彩色外层的溶解速度

（1）3 位同学分别用量筒量取 150 mL 常温水倒入 3 个烧杯中。

（2）2 位同学用电子秤和称量杯各称取 10.0 g、20.0 g 白糖，并分别加入到自己的烧杯中，用有机玻璃棒搅拌至白糖完全溶解；另一位同学不加白糖。

（3）3位同学将自己的培养皿分别放在3张白纸上，确认纸上的“×”位于培养皿中心位置。

（4）分别将烧杯中的水倒入 3 个培养皿中，等待片刻，待水静止。

（5）3 位同学选择**颜色相同**的 3 颗巧克力豆，在**同一时间**分别放入 3 个培养皿中心位置，并打开秒表开始计时，等彩色外层溶解扩散到**第二个圆圈**时停止计时，在下表中记录时间。

同时记录另 2 位同学的实验结果。

（6）对比 3 个人的实验结果，是否有足够的证据证明不同的糖水浓度会影响巧克力豆外层在水中溶解的速度？

加入糖的量（g）	时间	结果分析
0.0		
10.0		
20.0		

用洗瓶把所有实验仪器洗干净，将废水倒入废液盆里。

假设彩色到达第二个圆圈的时间：C > B > A，到达第二个圆圈的时间越长，说明彩色外层溶解速度越慢。因此，可以确定彩色涂层的溶解速度：A > B > C。

实验结果：糖水浓度对彩色外层的溶解速度有影响。

糖水浓度越高，彩色外层溶解速度越慢。

人在饥饿时可以吃下很多食物

人吃饱了以后很难吃下其他食物

控制变量法：控制**外层颜色**和**水温**不变，只改变糖水的浓度。

实验结论：糖水的浓度会影响巧克力豆彩色外层在水中的溶解速度。

小结

我学到了什么？

1.

2.

3.

回家继续做实验！

1. 用不同品牌的巧克力豆做实验，看实验结果是否一样？

2. 在家可用盘子和更多的彩色巧克力豆做实验，试试看会有什么不同现象？

3. 根据实验（C3），用食盐代替白糖，看看食盐的浓度会不会影响巧克力豆彩色外层在水中的溶解速度？

实验四

水和油是朋友还是敌人？

引言

我们从实验一“化学红绿灯”中知道酸和碱是一对“敌人”，不能共存。那水和油是“朋友”，还是“敌人”呢？如果它们是“敌人”，有没有办法可以让它们变成“朋友”呢？

我们知道，如果吃饭时手上沾到油，直接用水是很难洗干净的，一般要用洗手液或香皂洗手，香皂（肥皂的一种）为何能将油洗干净呢？关于肥皂的发明，还有一个小传说呢！

相传，在古埃及的皇宫里，一个仆人不小心打翻了厨房里的一盆食用油，他害怕被惩罚，便趁别人没发现时，赶紧将灶炉里的草木灰撒在翻倒在地的食用油上，等草木灰浸透油后，把草木灰扔到外面。然而，他的手上沾满了黑乎乎的油污，洗手时却发现原以为很难清洗的油污，只是轻轻地揉搓几下就很容易地被水洗掉了，甚至连原来一直难以洗掉的污垢也一起被洗掉了。他让其他人也用这种灰油洗手，结果大家的手都洗得比原来更干净。法老听说了此事，便让人将草木灰和油混合做成圆棒状，供人洗手用，这便是肥皂的雏形。

1791 年，法国化学家路布兰发明制碱法，草木灰混油洗手的秘密也被揭开了。因为草木灰中含有碱，可以和油污发生化学反应，使其溶于水中，而被洗掉。如今我们使用的肥皂大都是由油脂和碱发生反应，再经过一系列工序制成的。

我们通过传说和历史了解了肥皂的由来及其去污原理，也加深了对“化学是一门以实验为基础的学科”的理解。通过实验四，我们将要一起探究水和油的奥秘，看看水和油是“朋友”，还是“敌人”？尝试能否利用水和油的性质来制作一个漂亮的“熔岩灯”。

（A）预备工作

戴护目镜、穿实验服，**严格按照安全手册和实验步骤操作**。

将**纯净水**（注：不能用自来水和矿泉水）倒入洗瓶，按照下表准备相应材料，并准备直尺和白纸。

电子秤	玻璃瓶 2 个
洗瓶	样品管（25 mL）6 个
滴管 2 个	塑料碗 2 个
不锈钢药勺	称量杯 3 个
白沙子（20 g）	食用油（100 mL）
彩色沙子（超疏水，20 g）	食盐（3 g）
白醋（25 mL）	小苏打（20 g）
塑料小勺 2 个	任意色素 1 份
白色不透明塑料片 1 张	洗洁精（20 mL）
尺子（20 cm）	标签纸（10 张）

（B1）比较水和油

水和油有什么相同点和不同点？

（1）将样品管编号为 1 ～ 6 号。向样品管 1、2、3 中分别加入水至 2 厘米（cm）处。

（2）向样品管 4、5、6 中分别加入油至 2 cm 处。

（3）向样品管 1 与样品管 4 中分别加入一满勺（药勺大头的一端）食盐，摇一摇样品管，观察现象并记录。

（4）向样品管 2 与样品管 5 中分别加入几滴色素，摇一摇样品管，观察现象并记录。实验后保留样品管 2 中的溶液（之后实验 C1 需要用到）。

（5）将样品管 3 里的水倒入样品管 6，观察现象并记录。

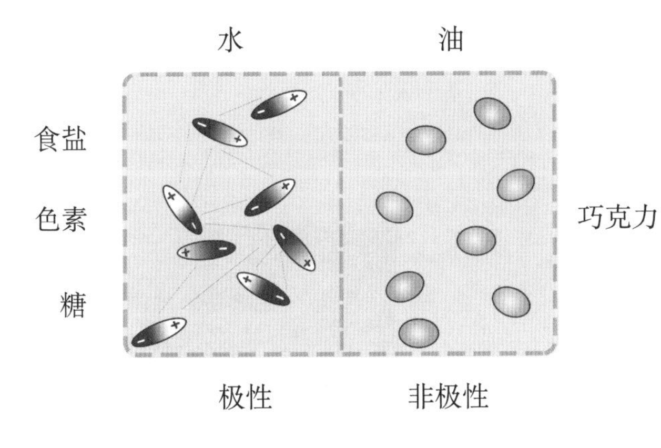

相同点：

都是透明的液体。

不同点：

水分子是**极性**的，

油分子是**非极性**的。

溶剂种类与物质溶解性的关系可以概括为“**相似相溶**”。

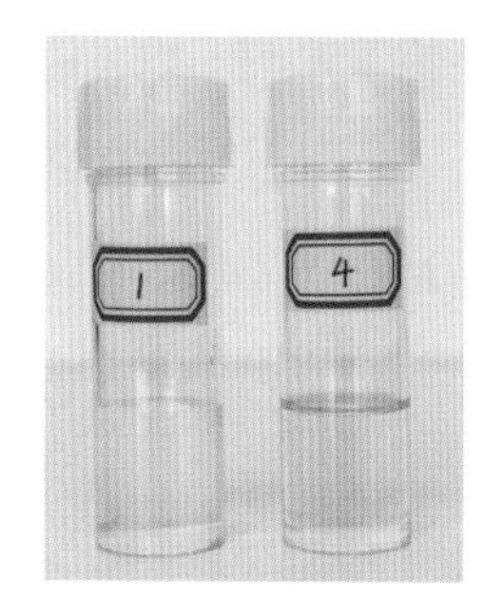

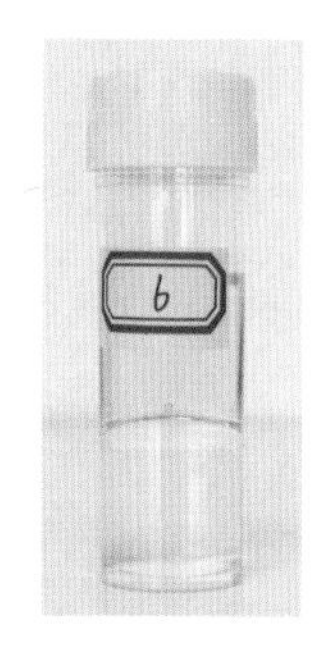

溶剂	食盐	色素
水	溶解	溶解
油	不溶解	不溶解

水是**极性**的，盐和色素也是**极性**的，因此，食盐和色素都能溶解在水中。而油是**非极性**的，因此，食盐和色素不能溶于油。

极性溶剂可以溶解极性物质，非极性溶剂容易溶解非极性物质，这就是**相似相溶原理**。

水和油倒在一起，不能互溶，出现分层现象；因为水的密度大于油，所以水在下层，油在上层。

（B2）熔岩灯 1：物理变化

（1）向玻璃瓶中加入纯净水至 10 cm 处，然后加入几滴色素，并摇均匀。

（2）向装有水的玻璃瓶中加入 2 cm 厚的油至 12 cm 处。

熔岩

（3）**预测**：将食盐放入玻璃瓶中会发生什么现象?

（4）用电子秤和称量杯称量 5.0 g 食盐，加到玻璃瓶中，并观察现象。

（5）重复步骤（4），再观察现象并记录。

（6）你的预测结果与实验结果是否相同?

（B3）熔岩灯 2：化学反应

（1）用电子秤和称量杯称量 15.0 g 小苏打。

（2）将 15.0 g 小苏打加入玻璃瓶中，轻轻拍打玻璃瓶使小苏打均匀的铺在瓶底。

（3）将玻璃瓶慢慢倾斜，贴着瓶口向玻璃瓶中加入油至 10 cm 处，继续拍打玻璃瓶直到玻璃瓶内的油中没有气泡。

（4）用小量筒向烧杯中加入 25 mL 白醋，再加入几滴色素，摇匀。

（5）慢慢地把白醋倒入玻璃瓶，记录你观察到的现象。

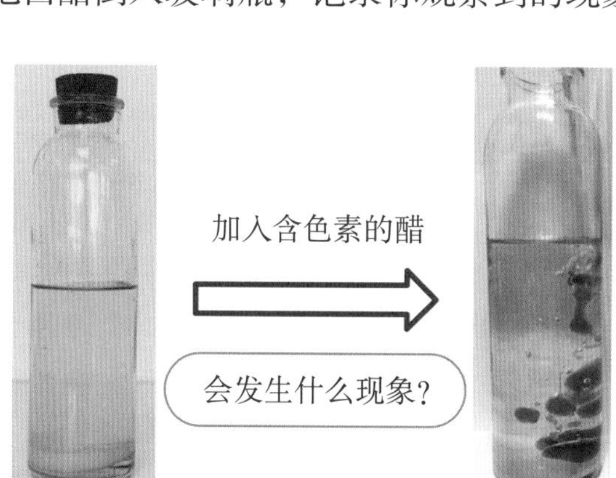

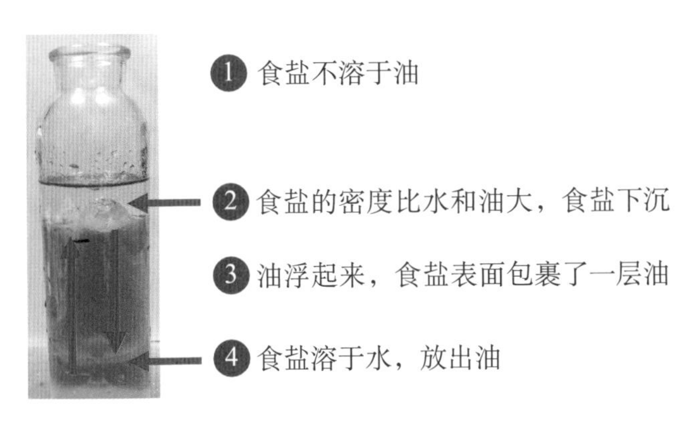

物理变化，没有发生化学反应

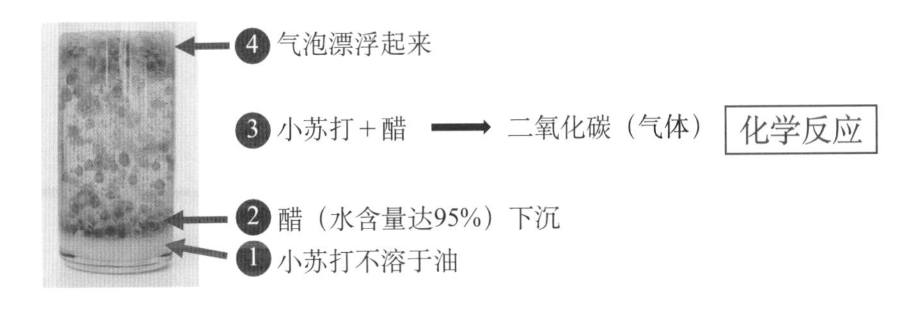

（C1）“敌人”变“朋友”——洗洁精的作用

（1）把白色不透明塑料片平铺在桌上，用标签标记 A 和 B 的位置，用滴管从**样品管** 2 中取带颜色的水，并在塑料片的 A 处和 B 处分别滴 6 滴。

（2）用另一个滴管向塑料片的 A 处和 B 处各滴加 3 滴油。

（3）用小勺搅拌 A 处的液体，观察现象并记录。

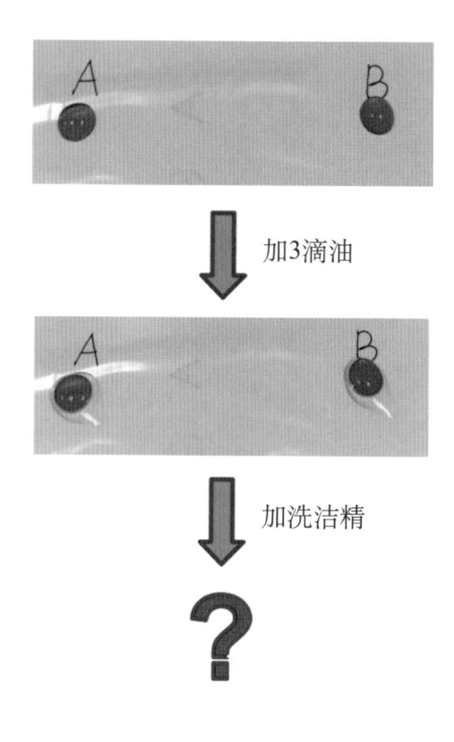

（4）向 B 处再滴加 3 滴洗洁精，然后用小勺搅拌混合液，观察现象并记录。

（5）用纸巾把塑料片和小勺擦拭干净。

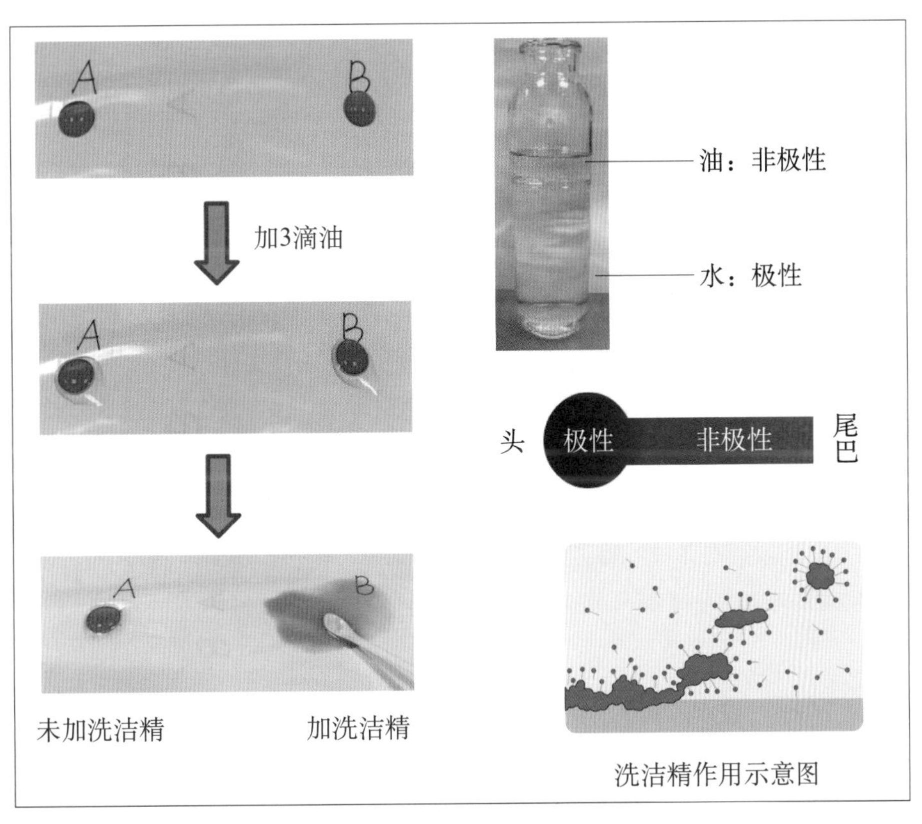

洗洁精作用示意图

表面活性剂吸附除去污垢

表面活性剂是指是能使目标溶液**表面张力**显著下降的物质，具有固定的亲水亲油基团，在溶液的表面能定向排列。

洗洁精是一种**表面活性剂**，具有亲水性和亲油性，可以使水和油互相溶解，从“敌人”变成“朋友”。我们日常使用的肥皂、洗衣粉等都是常见的表面活性剂。

（C2）不同的沙子

（1）将白色沙子加入装满水的塑料碗 A 中，观察沙子会形成什么形状？沙子的表面是什么样的？

（2）将彩色沙子加入装满水的塑料碗 B 中，观察沙子会形成什么形状？沙子的表面是什么样的？并与白色沙子进行比较。

（3）用手把彩色沙子拿起来小心地分散撒在水面上，用滴管将样品管 2 中带颜色的水滴加到水面的沙子上，观察现象并记录。

（4）向塑料碗 B 中加入一点洗洁精，用手指搅拌，观察现象并记录。

用洗瓶把所有实验仪器洗干净，将废水倒入废液盆中。

实验分析

白沙颗粒表面：极性

普通白色沙子的表面是**极性**的，放入水中后可以分散在水中。从水中取出后，沙子表面有一层水。

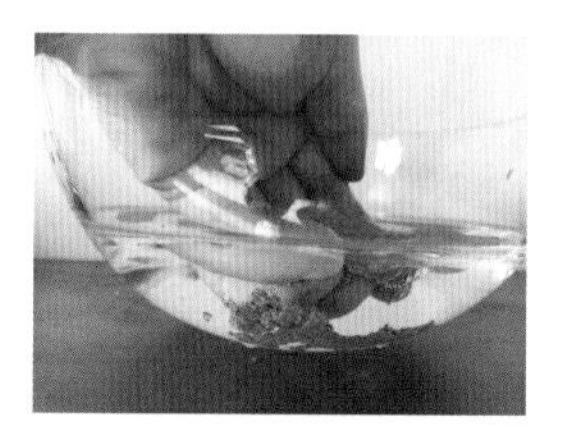

水中的彩色沙子

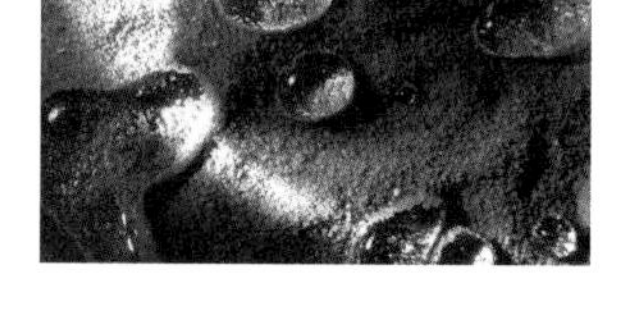

彩色沙子表面的水珠

彩沙颗粒表面：
非极性的涂层

彩色的沙子表面有一层**非极性物质涂层**，因此放入水中后因**疏水**（**排斥水**）而团聚在一起；从水中取出来后，还和原来一样，表面没有水。

荷叶表面是**非极性**的，不会被水打湿

水是**极性**的，油是**非极性**的。极性物质如盐和糖等都可以溶于水，而不能溶于油。

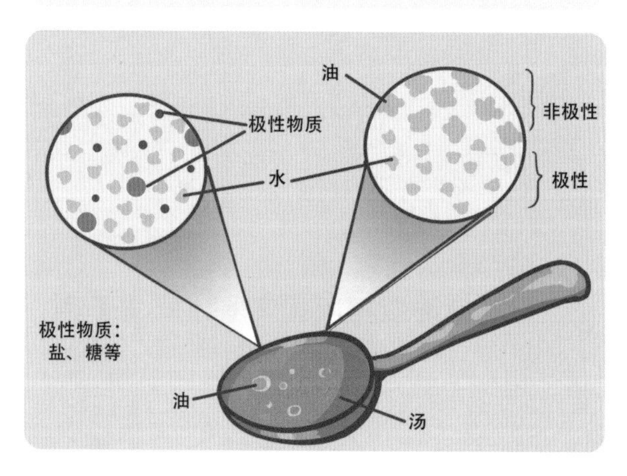

小结

我学到了什么？

1.

2.

3.

回家继续做实验！

1. 准备一个白色盘子，向盘中加入 100 mL 全脂牛奶，等待片刻至牛奶静止。将 4 种不同颜色的色素分别滴在牛奶 4 个不同的位置上（如下图）。用牙签取一点洗洁精，轻轻放到盘子中心位置，看看会发生什么。

2. 用脱脂牛奶重复实验，看看结果是不是一样的？

3. 你认为酒精是极性溶剂，还是非极性溶剂？如何判断？

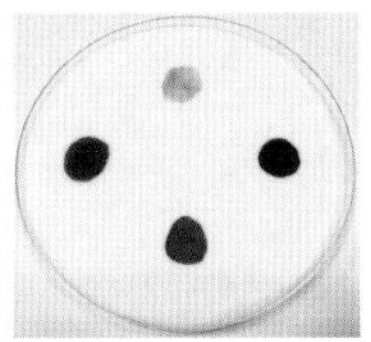

物理变化✓

化学变化×

引言

玉米淀粉是我们生活中常见的物质，在实验二“看不见的存在”中，我们知道玉米淀粉不溶于水，与水混合后形成白色不透明的浑浊液。其实，玉米淀粉远比我们想象的有趣得多。如果将一定量的玉米淀粉和水混合，就会形成一种“遇强则强，遇弱则弱”的神奇混合物，这类奇特的混合物有一个特别的名字——非牛顿流体。

一切物质都是由微粒组成的，微粒包括原子、分子、离子等，如生活中常见的金、银、铁等金属，都是由一个个原子组成的。如果几个原子“手拉手”，就会组成分子，如氧气、二氧化碳、水等；而当很多个原子（几百、几千、几万，甚至几百万个）“手拉手”结合在一起时，就会形成高分子聚合物。我们常见的玉米淀粉就是一种高分子聚合物，除此之外，塑料、棉花、橡胶等也属于高分子聚合物。

不同物质具有不同的性质，如钢铁很坚硬、棉花很柔软、橡胶有弹性……这是因为组成物质的微粒不同，以及微粒之间形成的结构也不同。那玉米淀粉等高分子聚合物有什么样的特性呢？通过下面的实验，我们将进入高分子聚合物的世界，探索它的独特性质。

(A) 预备工作

戴护目镜、穿实验服，**严格按照安全手册和实验步骤操作**。

将**纯净水**（注：不能用自来水和矿泉水）倒进洗瓶，按照下表准备相应材料。

电子秤	滴管 2 个
洗瓶	称量杯 1 个
大烧杯（500 mL）1 个	塑料碗 1 个
小烧杯（250 mL）3 个	氯化钙固体（25 g）
大量筒（100 mL）	任意色素 1 份
小量筒 2 个	玉米淀粉（100 g）
有机玻璃棒	海藻酸钠固体（2 g）
不锈钢药勺	一次性筷子 2 根
牙签 2 根	食盐（25 g）
一次性手套 2 副	

海藻酸钠由海藻酸的钠盐组成，是一种天然多糖，为白色或淡黄色粉末，几乎无臭无味，溶于水，具有浓缩溶液、形成凝胶和成膜的能力，常用作海藻酸钠作为乳制品及饮料的增稠剂和稳定剂。

（B）令人惊叹的非牛顿流体

（1）用电子秤和称量杯称取30.0 g玉米淀粉，加入大烧杯中。

（2）用量筒量取25 mL水，慢慢地加入大烧杯中，戴好一次性手套，并用手指轻轻地搅拌至完全均匀混合（可适当增加或减少加入的水量）。

（3）用手指搅拌时观察现象。

（4）按照下表中的操作进行实验，并记录现象。

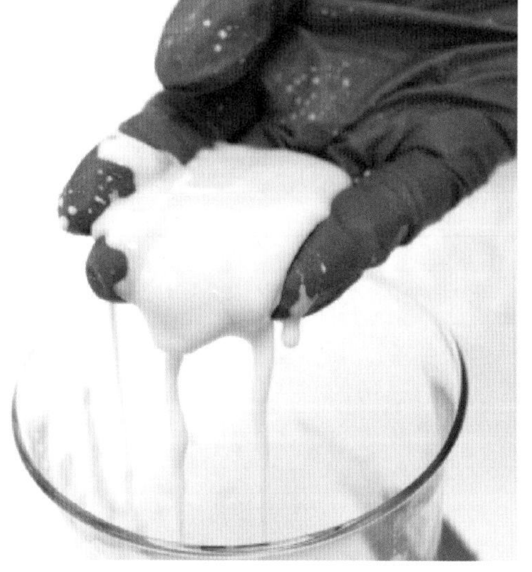

实验操作	观察到的现象
轻轻搅拌	
快速搅拌	
把手指慢慢插入混合物	
把手指快速插入混合物	
用手拍打混合物	
把混合物倒在手中揉成球	
其他操作	

实验分析

非牛顿流体

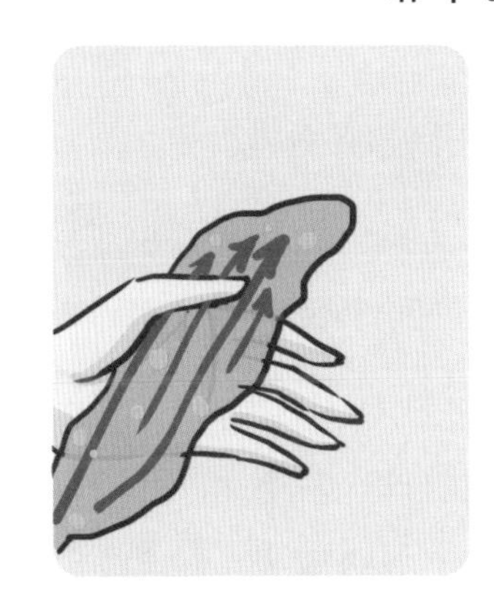

聚合物链流动

相互纠缠的聚合物链

轻轻搅拌、将手指慢慢插入时，淀粉溶液可以流动，表现得像“液体”一样。

快速搅拌、快速插入及拍打淀粉溶液时，它会变硬，表现得像“固体”一样。

（C1）如何做一条"化学蠕虫"？

（1）配制**氯化钙溶液**：用电子秤和称量杯称取1.0 g氯化钙固体，加入塑料碗中。用大量筒向塑料碗中加入80 mL纯净水，并用有机玻璃棒搅拌，使氯化钙固体完全溶解。

氯化钙干燥剂

（2）配制**海藻酸钠溶液**：用大量筒向小烧杯中加入100 mL纯净水，用电子秤和称量杯称取1.0 g海藻酸钠固体，边搅拌边一点一点地加入烧杯中（注意：不能一次全部加入），直至完全溶解。

（3）选择一种色素，滴加1～2滴到盛有海藻酸钠溶液的烧杯中，搅拌均匀。

海藻酸钠是海藻提取物

（4）用滴管吸取海藻酸钠溶液，滴加到盛有**氯化钙溶液**的塑料碗中（注意：滴管不能接触氯化钙溶液），观察现象。

（5）想办法做出一条连续的“蠕虫”，看谁能制造出最长的“蠕虫”？比试一下！

海藻酸钠常用作
食品添加剂

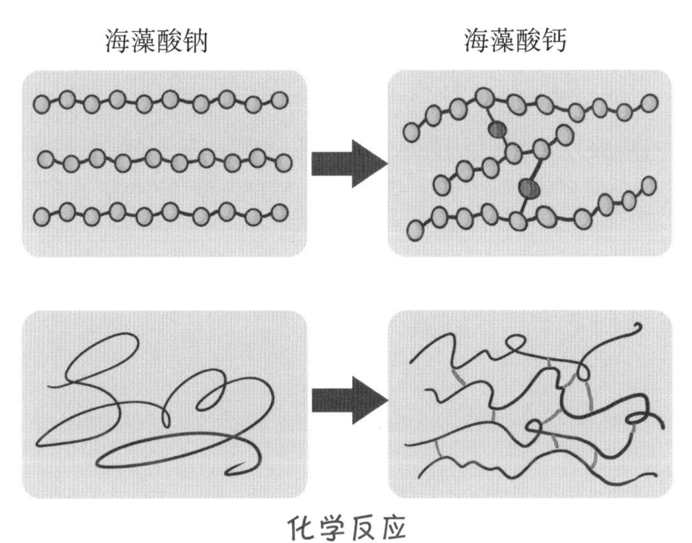

化学反应

海藻酸钠 + 氯化钙→海藻酸钙

液态　　液态　　固态

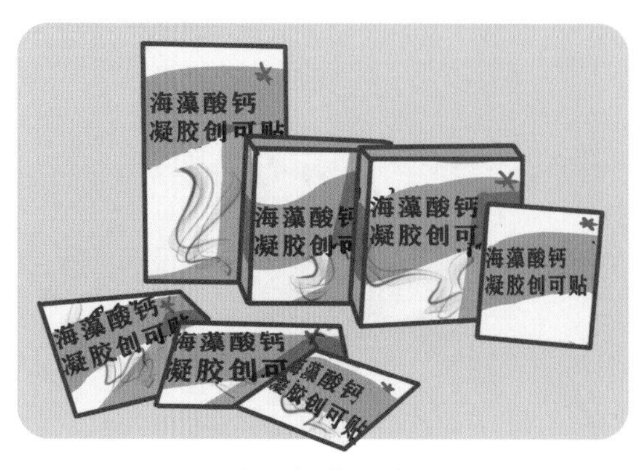

海藻酸钙伤口敷料

海藻酸钠溶液与氯化钙溶液发生化学反应，生成海藻酸钙固体，即“化学蠕虫”。由海藻酸钠的长链分子变成了海藻酸钙的交联的网状分子。

（C2）如何让“蠕虫”消失？

（1）配制饱和食盐水：用大量筒量取 100 mL 纯净水，加入到干净的小烧杯中。用不锈钢药勺向小烧杯中加入食盐固体，并不断搅拌使其溶解，一直加入食盐固体直至不再溶解，得到室温下的饱和食盐水。

（2）将实验（C1）中做出的“蠕虫”捞出来，放入另一个干净的空烧杯中，用滴管取饱和食盐水滴加到“蠕虫”上，观察现象。

（3）用小量筒量取 25 mL 饱和食盐水，倒入盛有“蠕虫”的小烧杯中，并用有机玻璃棒搅拌，观察现象并记录。

饱和食盐水中含有高浓度氯化钠，高浓度的氯化钠溶液可以和海藻酸钙反应，重新生成长链状的海藻酸钙，所以“蠕虫”消失了。

小结

我学到了什么？

1.

2.

3.

回家继续做实验！

1. 去附近商店找一找有哪些商品中含有海藻酸钠或海藻酸钾，你能否找到含有海藻酸钙的创可贴？

2. 使用什么方法能做出更长的“化学蠕虫”？

挑战更长的“蠕虫”

实验六 超越视觉的色彩

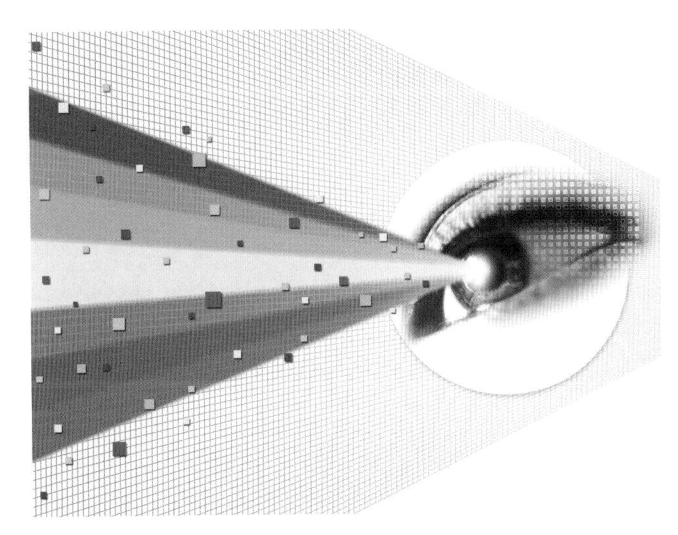

颜色是物质的基本物理特征，我们可以通过颜色对物质进行某些判断。在实验一“化学红绿灯”中，我们了解了什么是酸碱指示剂，还学会了如何使用酸碱指示剂与生活中的常用物质发生反应产生不同的颜色，进而判断该物质的酸碱性。那么，物质颜色发生变化表明物质一定发生化学反应了吗？

在接下来的实验中，我们将通过了解**色谱法**而进一步探索颜色的秘密，并进一步理解颜色变化和化学变化之间的关系。

色谱法（chromatography）又称色谱分析、层析，是一种分离和分析方法，即当被分析样品随着流动相经过固定相时，样品中不同组分因在两相间的分配不同而实现分离的一类物理分离分析方法，在分析化学、有机化学、生物化学等领域有着广泛应用。

（A）预备工作

戴护目镜、穿实验服，严格按照安全手册和实验步骤操作。

将**纯净水**（注：不能用自来水或矿泉水）倒进洗瓶，按照下表准备相应材料。用标签纸将3个样品管分别标上1、2、3号，准备好铅笔和直尺。

塑料反应板	塑封袋
小量筒（25 mL）	红、黄、蓝色色素各1份
大烧杯（500 mL）	样品管（25 mL）3个
不锈钢药勺	紫、棕、绿色水彩笔各1支
洗瓶	次氯酸钙（0.5 g）
标签纸3张	离心管（10 mL）1个
滴管3个	滤纸或色谱纸（13 cm × 7 cm）6张
牙签10根	竹签（约15 cm）1根
小夹子	黄色、蓝色塑料片
铅笔	尺子（25 cm）

次氯酸钙，俗称漂白精，主要用于造纸工业纸浆的漂白和纺织工业中对棉、麻、丝纤维织物的漂白；也用于饮用水、游泳池用水等的杀菌消毒。具有强氧化性，对人的眼结膜、呼吸道及皮肤具有强刺激性和腐蚀性，使用时要注意自身防护。

若皮肤接触，应立即脱去受污染的衣物，用肥皂水和清水彻底冲洗皮肤，及时就医；若眼睛接触，应提起眼睑，用流动的清水或生理盐水冲洗，及时就医。

（B）混合颜色

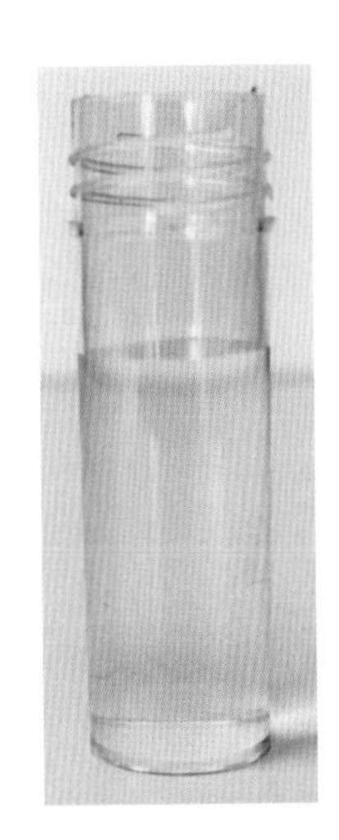

（1）用标签纸将 3 个样品管标记为 1 ～ 3 号。用量筒向样品管 1 与 2 中分别加入 20 mL 纯净水。

（2）向样品管 1 和 2 中分别加入 1 滴蓝色色素，盖上盖子，摇匀，观察并记录颜色。

（3）向样品管 1 中加入两滴红色色素，盖上盖子，摇匀。与样品管 2 的颜色对比（在太阳光或灯光下观察颜色）。

（4）向样品管 2 中加入 1 滴黄色色素，盖上盖子，摇匀，观察并记录颜色。

（5）向样品管 3 中加入 20 mL 水，并依次加入 1 滴蓝色色素、1 滴黄色色素、6 滴红色色素，盖上盖子，摇匀，观察并记录颜色（在太阳光或灯光下观察颜色）。

样品管	操作	颜色	结果分析
1	先加入 1 滴蓝色色素 后加入 2 滴红色色素		
2	先加入 1 滴蓝色色素 后加入 1 滴黄色色素		
3	加入 1 滴蓝色色素， 再加入 1 滴黄色色素， 最后再加入 6 滴红色色素		

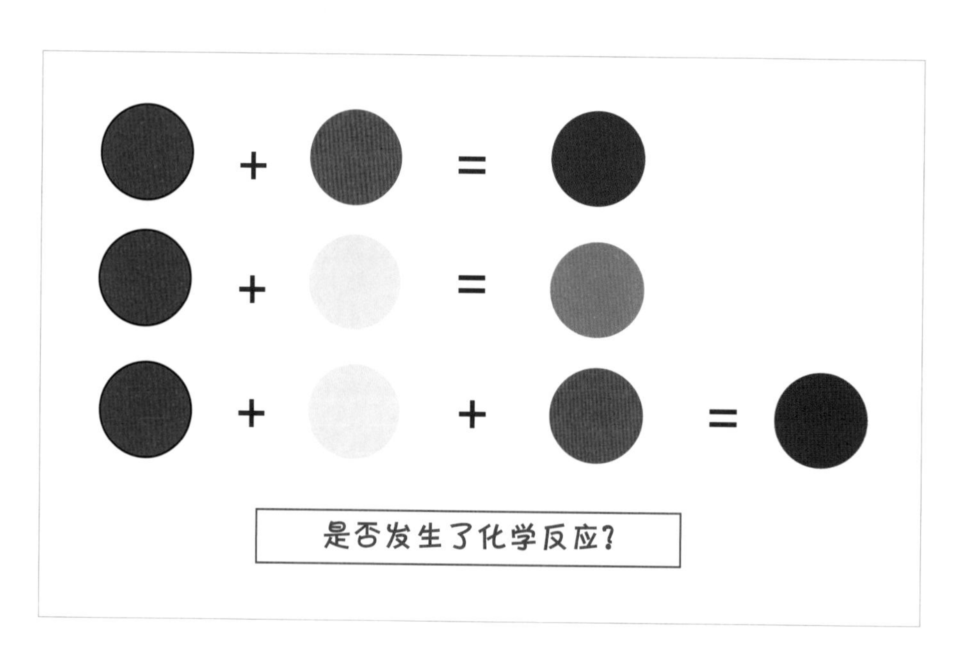

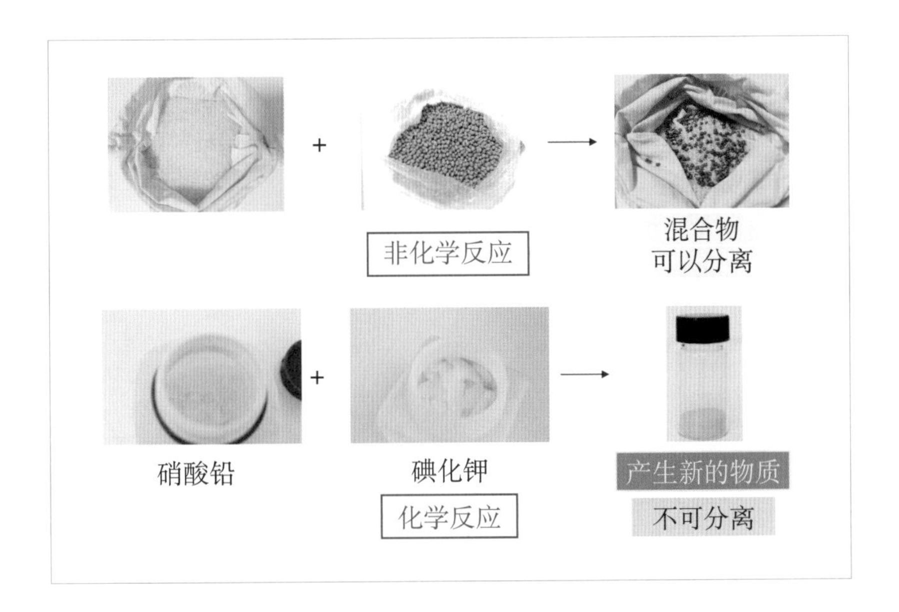

（C）分离颜色

（1）向陶瓷反应板的第一个孔中加入1滴蓝色色素，用滴管加1滴水，用一支牙签搅拌均匀。

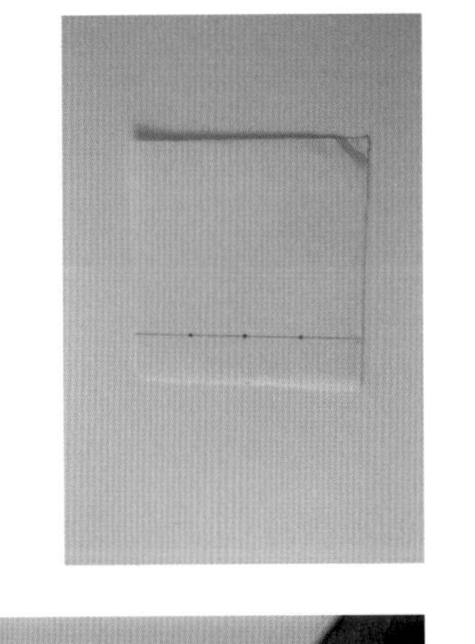

（2）向陶瓷反应板的第二个孔中加入1滴黄色色素，用滴管加1滴水，用另一支牙签搅拌均匀。

（3）向陶瓷反应板的第三个孔中加入1滴蓝色色素和1滴黄色色素，用第三支牙签搅拌均匀。

（4）在滤纸片底端15毫米（mm）处用铅笔画一条平行于底边的直线，并在直线上均匀地点三个点，如右图。

（5）用3支干净的牙签分别蘸取陶瓷反应板中的三种色素，在滤纸片的直线的铅笔点处，轻轻地点三个小点（绿色的点位于中间），晾干。

（6）用量筒向大烧杯中加入50 mL水。

（7）在烧杯外侧比对高度，使滤纸片的底端恰好能接触到水，（**注意：**确保彩色点都在水面之上，且滤纸片不接触烧杯底部和侧面），用小夹子把滤纸片固定在竹签上（如下图）。

（8）调整好高度后，将滤纸片放入大烧杯中，保持静止，观察现象并记录。等水沿着滤纸片扩散至接近竹签的位置时，将纸片取出，晾干，记录现象。

（9）用红色和蓝色色素按照步骤（1）到（8）重复实验，确保混合后的色素点在中间，记录现象。

实验分析

实验结果表明混合两种或三种颜色的色素会形成新的颜色，但新的颜色还可以通过**色谱法**分离成原来的颜色。**色谱法**包含分离物质分子的固定相（如滤纸的纤维）和流动相（如水）。因为不同的物质有不同的性质，如同不同人有不同的爱好。就像很多人在海滩上（A），有些人喜欢游泳，于是下到海里（B），其他人不喜欢游泳所以留在沙滩上（C），最后两种人被海岸线分开（D）。

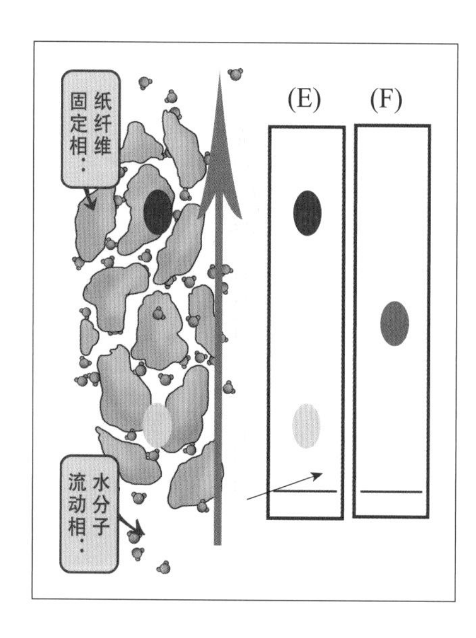

以此类推，有些物质分子与水的相互吸引力强，与滤纸的吸引力弱，因此这种物质会随着水快速前进（E●）。相反，其他物质分子与水的相互吸引力弱，与滤纸的吸引力强，因此被吸附在滤纸上，这种物质前进速度慢（E○），甚至不动。因此，两种色素混合后还可以利用色谱法分离成原来的颜色。根据你的实验结果，看看哪种颜色的水彩笔是由单一颜色的物质做成的，而哪种是由其他不同颜色的物质混合而成的？

（D）水彩笔的秘密

（1）将另一张滤纸按实验（C）中的（4）做相同处理，在滤纸片上分别留下3种水彩笔的颜色：用笔头轻轻地点在滤纸片的铅笔线上。

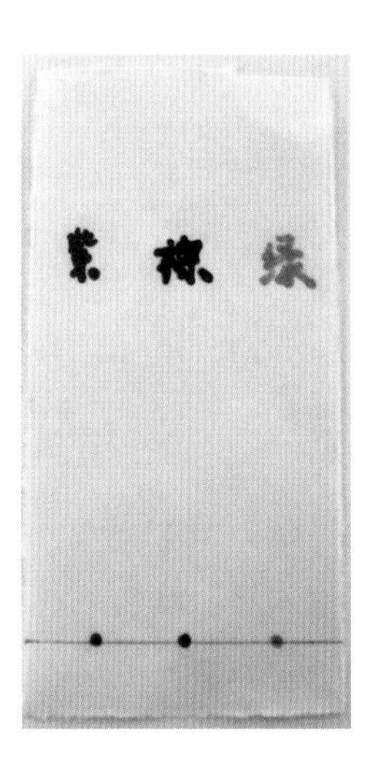

（2）在滤纸片上端用水彩笔标记其颜色。

（3）用量筒向大烧杯中加入50 mL水。

（4）将滤纸片用小夹子固定在竹签上，放入大烧杯中。

注意：参照“（C）分离颜色”实验中的步骤（7）和（8），仔细观察现象并记录。

（E）结合颜色

将黄色和蓝色两张透明塑料片叠在一起，如下图，透过的光是什么颜色的？

（F）对比实验

（1）将样品管1和2洗干净，用量筒向样品管1中加入20 mL水。

（2）向样品管1中加入1滴红色色素，盖上盖子，摇匀。

（3）用不锈钢药勺将小塑料管中的次氯酸钙固体压碎成粉末，取1小勺粉末加入到样品管2中，并向样品管2中加入5 mL水，盖上盖子，用力摇一摇，然后放在桌上静置几分钟，让多余的固体沉淀下来。

（4）用滴管吸取样品管2中的上层溶液，向盛有红色色素的样品管1中加入50滴样品管2中的上层次氯酸钙溶液，盖上盖子，摇一摇，仔细观察并记录现象。

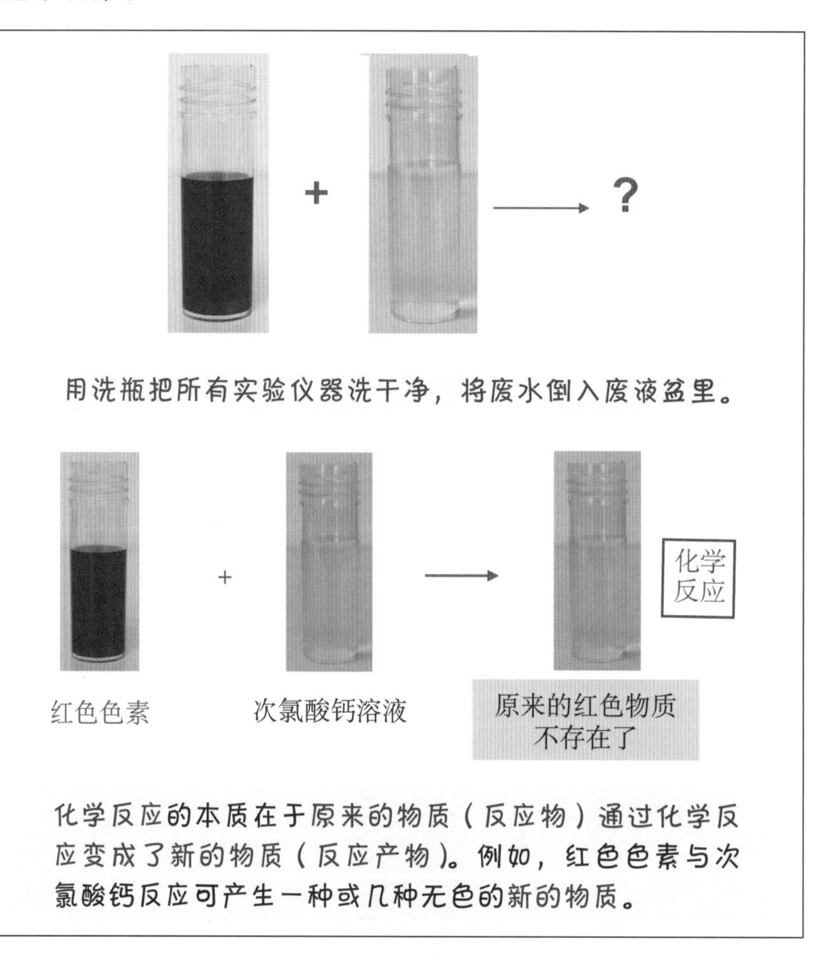

相反，蓝色和黄色色素产生绿色的混合物，这不是化学反应。因为绿色溶液中，原来的蓝色物质和黄色物质还存在。

物理变化

这与蓝色和黄色的塑料片重合在一起，透过的光为绿色光是一样的原理。

色谱由于可以选择不同的固定相与流动相，可以分为几类。除纸色谱法（以纸为固定相的色谱法）外，还有薄层色谱法、气相色谱法与高效液相色谱法等。这几种色谱法都被广泛应用，如检测非法食品添加剂、假药，检查运动员是否使用违禁药物，甚至还可以帮助警察侦破案件。

（G）自选补充实验

（1）可以用其他颜色的彩笔重复实验（D）。

（2）用盐水、白醋或其他液体代替水重复实验（C）或（D）。

（3）将外壳不同颜色的巧克力豆分别放在反应板的孔里，加两滴水溶解彩色外壳。用牙签蘸取彩色溶液，在滤纸片上留下彩色点，重复点三次，晾干，重复实验（C）中的步骤（6）至（8）。

（4）你还能想到什么实验？那就来试一试吧！

不同的固定相：	报纸	咖啡滤纸	粉笔
不同的流动相：	水	盐水	酒精
带有不同颜色的物质	巧克力豆		腊八蒜

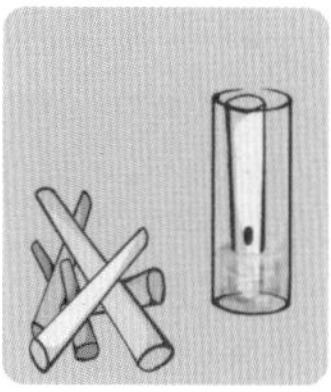

实验七 制冷与制热

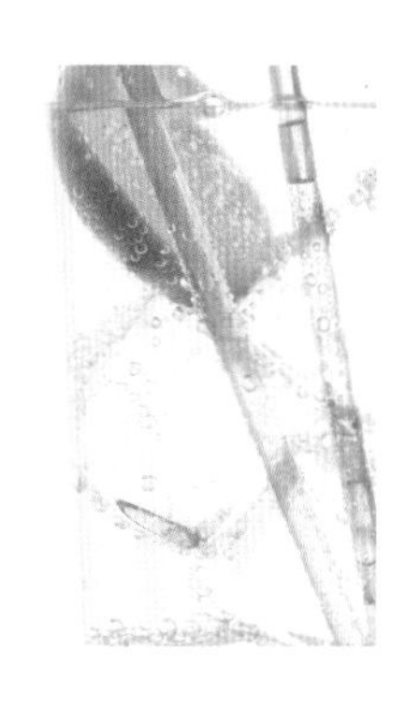

生活于现代社会的我们，在炎热难耐的酷暑时节可以待在凉爽的空调房内，凛冽寒冬时也可以藏身于温暖的室内，然而在科技不发达的古代，人们是如何度过酷暑和寒冬的呢?

古代取暖的设施主要有火塘、火墙、壁炉等，那制冷有什么办法呢?据《周礼》记载，“凌人掌冰正，岁十有二月，令斩冰，三其凌。”这句话的意思是说凌人掌管冰政，在冬季十二月大寒之时，主持斩冰之事，窖藏得冰，到三伏天再取出来用，而且要窖藏夏天用的冰块，需要储藏三倍的量才够用。直至晚唐时，人们在生产火药的过程中，发现开采出来的硝石（主要成分为硝酸钾）溶于水时吸收大量的热，能使水冷却结冰，自此开始了人工制冰的历史。

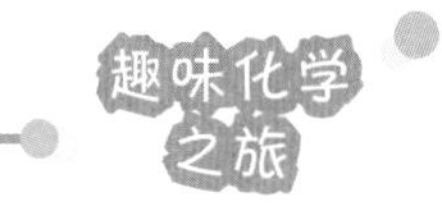

随着科技的发展，冰箱、空调和暖气等设备早已让我们不再有古人的烦恼。本节的实验将与大家一同探索如何利用物质的溶解来制冷或制热，并进一步通过吸热和放热现象了解物质发生化学反应时的能量变化。

（A）预备工作

戴护目镜、**穿实验服**，**严格按照安全手册和实验步骤操作**。

将**纯净水**（注：不能用自来水或矿泉水）倒进洗瓶，按照下表准备相应材料，老师或家长准备好打火机。须有老师或家长陪同，学生不可单独进行实验。

洗瓶	纸杯 8 个
小量筒（25 mL）	双氧水*（浓度 3%，100 mL）
不锈钢药勺	无水碳酸钠（25 g）
小烧杯（250 mL）2 个	氯化铵（25 g）
电子秤	五水硫酸铜（25 g）
温度计	硫酸铜（25 g）
有机玻璃棒	九水硝酸铁（25 g）
密封袋 4 个	柠檬酸（25 g）
长木条 2 支	碳酸氢钠（25 g）
冰袋 1 个	二氧化锰（5 g）
离心管（10 mL）1 个	蔗糖（25 g）
称量杯 3 个	

* 3% 浓度的双氧水具有一定的腐蚀性，可以从药店购买，做实验需戴手套。

双氧水，即过氧化氢，纯过氧化氢是淡蓝色的黏稠液体，低毒，可任意比例与水混溶，是一种强氧化剂，广泛应用于工业漂白、外科消毒等领域。

无水碳酸钠，又称纯碱，也被称为苏打或碱灰，是一种重要的无机化工原料，主要用于玻璃制品和陶瓷釉的生产，还被广泛用于生活洗涤、酸类中和及食品加工等领域。

氯化铵，简称氯铵，多为制碱工业的副产品。

五水硫酸铜，俗称蓝矾、胆矾或铜矾，在常温常压下很稳定，不潮解，在干燥空气中会逐渐风化。

硫酸铜是一种无机化合物，为白色或灰白色粉末，既可用于生产肥料，又可以制备杀菌剂。

九水硝酸铁是一种无机物，又名硝酸高铁，浅紫色或灰白色单斜晶体，易潮解，溶于水。

柠檬酸是一种重要的有机酸，为无色晶体，无臭，有很强的酸味，易溶于水，是天然防腐剂和食品添加剂。

碳酸氢钠是一种无机盐，为白色结晶性粉末，在潮湿空气或热空气中即缓慢分解，产生二氧化碳，遇酸则强烈分解，旋即产生二氧化碳，常用于制作饼干、馒头、面包等的膨松剂。

二氧化锰是一种无机化合物，在自然界中以软锰矿形式存在，为黑色无定形粉末或黑色斜方晶体。

（B）探究冰袋

（1）轻轻地触摸冰袋，感觉里面有哪种形态的物质？

（2）用冰袋包住温度计，测量冰袋的温度，如下图。

（3）摇动冰袋中的颗粒，用双手从冰袋顶部到底部挤压成流体状，轻轻地振动冰袋。

（4）再次用冰袋包住温度计，测量冰袋的温度，把结果填写在下方实验记录表中。

实验操作	温度	实验分析
冰袋的初始温度		
挤压冰袋后的温度		

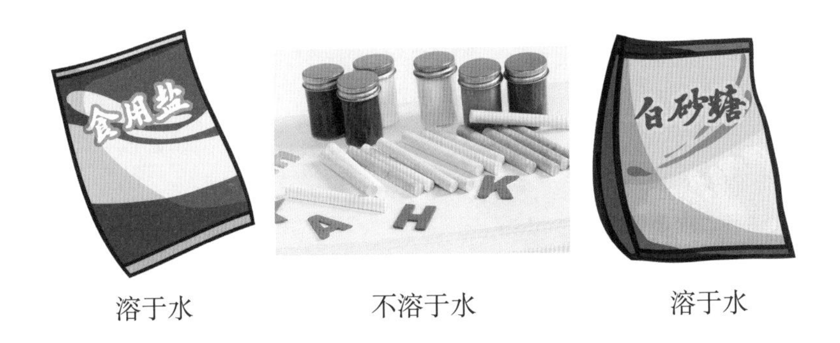

溶于水　　不溶于水　　溶于水

在冰袋里，有一些颗粒和一个小袋子，其中小袋子中是水。用手挤压冰袋并振动冰袋时，其中的小袋子破裂，使颗粒物质溶于水而吸收大量的热量，因此，冰袋温度会下降。

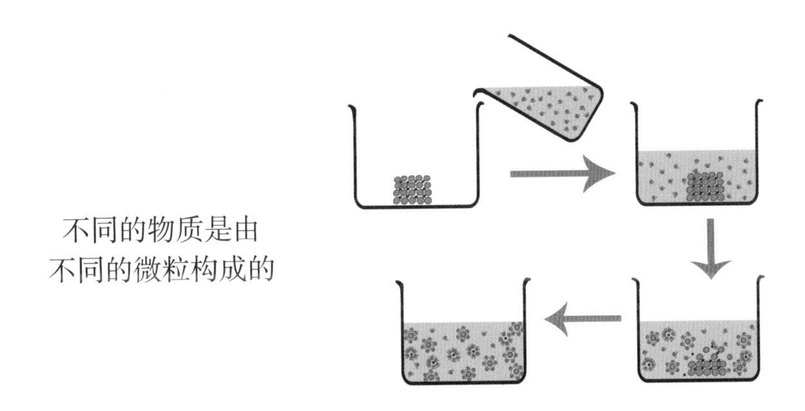

（C）观察固体溶解于水的变化

（1）打开电子秤，将一个称量杯放在电子秤的秤盘上，按“清零”键，显示“0.00”，用不锈钢药勺向杯子里加入 4.0 g 蔗糖。

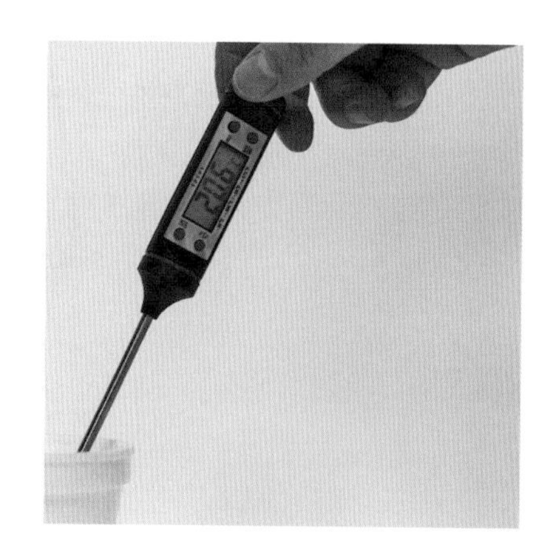

（2）将纸杯编号为 A ～ H。用量筒向一次性纸杯 A 中加入 40 mL 水，用温度计测量温度后，记录在下表中“初始温度”一栏。

（3）将称量好的蔗糖加入纸杯 A 中，用温度计搅拌溶解，同时仔细观察温度计并记录溶液的最高温度，将结果记录在表中“最终温度”一栏。

（4）洗净温度计和不锈钢药勺，重复（1）至（3）的操作，分别测量其他物质溶解时的温度变化并观察其他现象，填在表中。

纸杯 B + 无水碳酸钠；
纸杯 C + 氯化铵；
纸杯 D + 五水硫酸铜；
纸杯 E + 硫酸铜；
纸杯 F + 九水硝酸铁。

（5）**预测**：如果重复（1）至（3）的操作，分别测量 8.0 g 无水碳酸钠与氯化铵溶解时的温度变化，你能预测最终温度吗？ 预测后，可以分别用纸杯 G 与 H 完成实验！

实验记录表

样品	初始温度	最终温度	其他观察结果
纸杯 A + 4.0 g 蔗糖			
纸杯 B + 4.0 g 无水碳酸钠			
纸杯 C + 4.0 g 氯化铵			
纸杯 D + 4.0 g 五水硫酸铜			
纸杯 E + 4.0 g 硫酸铜			
纸杯 F + 4.0 g 九水硝酸铁			
纸杯 G + 8.0 g 无水碳酸钠	预测：	预测：	
纸杯 H + 8.0 g 氯化铵	预测：	预测：	

思考问题 1：其他物质溶于水也会引起温度下降吗?

答案：不一定!

纸杯 A：蔗糖溶于水，温度基本不变，表明溶解过程中不吸热，也不放热。

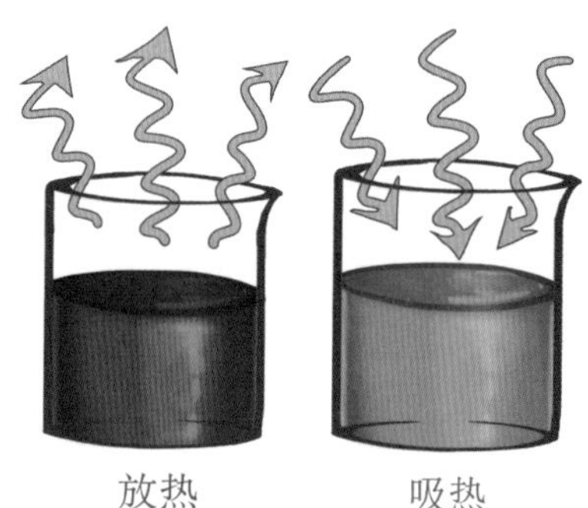

纸杯 B：无水碳酸钠溶于水，温度升高，表明溶解过程中放热。

纸杯 C：氯化铵溶于水，温度下降，表明溶解过程中吸热。

思考问题 2：物质熔化和物质溶于水有什么区别?

把冰块放在手里，它会吸收人体的热量（手会感觉冷）变成液体。物质从固态变成液态的过程叫作熔化。

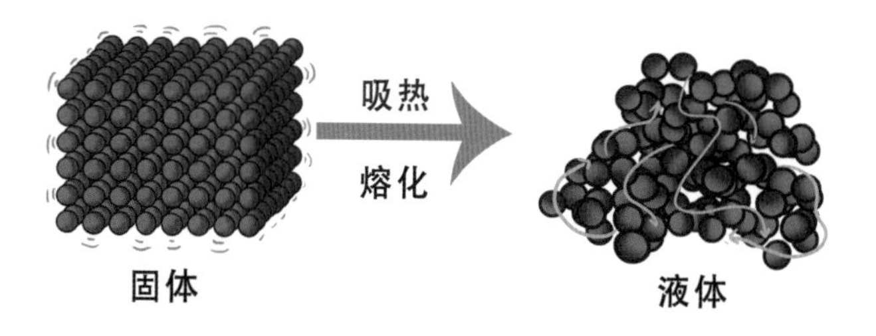

物质都是由微粒构成的，固体中的微粒不断振动，变成液体后微粒开始流动，但微粒本身没有发生变化。

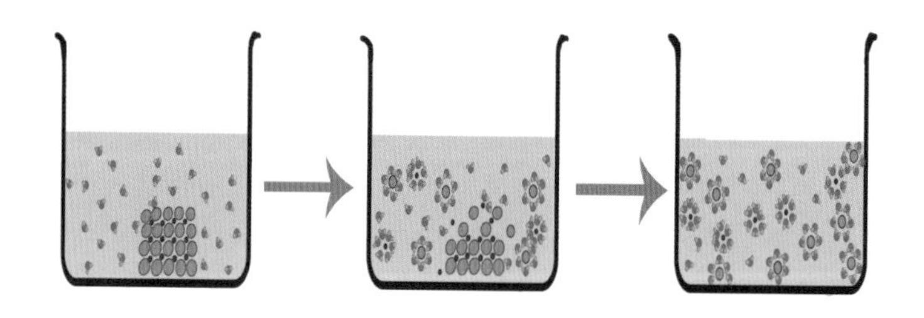

例如，某种固体溶于水，固体和水都由微粒组成，两种微粒的本质不同，最初两种微粒被隔离，但在溶解过程中会变成一种均匀的混合物。

思考问题3：固体溶于水时，温度变化为什么有区别？

微粒之间有相互的吸引力。

固体溶于水的过程要克服固体微粒之间的吸引力●⇔●，以及水微粒之间的吸引力●⇔●，这些都需要吸收热量。

两种微粒混合后，固体的微粒和水的微粒要形成新的相互吸引力●⇔●，这个过程会放出热量。

蔗糖溶于水时，吸收和放出的热量几乎相等，因此温度不变。

而大部分固体溶于水时，吸收和放出的热量并不相等，如无水碳酸钠溶于水时，吸热量少于放热量，因此溶液的温度升高；相反，氯化铵溶于水时，吸热量多于放热量，因此溶液的温度下降。

思考问题4：固体溶于水后，物质还存在吗？

答案：很多证据表明，固体溶于水后，原物质还是存在的。

（1）蓝色的五水硫酸铜固体溶于水（吸热）后，溶液还是蓝色的。

（2）蔗糖溶于水后，液体有甜味，表明虽然看不见蔗糖，但蔗糖微粒还存在（注：做实验的材料不能喝哟）。

（3）将食盐溶于水，加热把水分蒸发后，还会得到固体食盐。

思考问题5：固体溶于水会发生化学反应（产生新的物质）吗？

答案：有可能！

例如，灰白色的无水硫酸铜溶于水（会放热），会形成蓝色的溶液；浅紫色的九水硝酸铁溶于水（会放热），会形成褐色的溶液。

灰白色的无水硫酸铜粉末　　蓝色的硫酸铜溶液

思考问题6：不同质量的固体溶于水会影响温度变化吗？

答案：可能会有一定的影响！

将8.0 g无水碳酸钠溶于水，结果表明，溶液温度升高，并且升高值几乎为4.0 g无水碳酸钠溶于水的两倍，这表明无水碳酸钠质量增加一倍，溶于水后放出的热量是原来的两倍。同样，8.0 g氯化铵溶于水后也吸收了几乎是4.0 g氯化铵溶于水后两倍的热量。

（D）探究化学反应的吸热或放热现象

反应1：柠檬酸与碳酸氢钠

（1）用电子秤和称量杯称取2.0 g柠檬酸固体。用另一个称量杯称取2.6 g碳酸氢钠固体。

（2）向密封袋中加入称量好的柠檬酸和碳酸氢钠固体，将温度计小心地放入袋子的固体中，把袋子密封好，摇匀，观察现象并记录。

（3）用量筒量取 25 mL 水加入密封袋中，并立即将袋口密封好，摇匀，观察现象并记录。

（4）请老师或家长用打火机点燃长木条，打开密封袋，把点燃的木条伸进袋子中（**务必保证点燃的木条不接触到袋子或液体**），观察现象并记录。

实验分析

反应 2：双氧水与二氧化锰

（1）用电子秤和称量杯称取 2.0 g 二氧化锰固体。

（2）用量筒取 25 mL 双氧水加入密封袋中，用手感知估测液体的温度并记录。

（3）向密封袋中加入称量好的二氧化锰，把袋子密封好，摇匀，观察现象并记录。

（4）请老师或家长用打火机点燃长木条，把火吹灭留下火星，打开密封袋，把带火星的木条伸进袋子中（**务必保证点燃的木条不接触到袋子或液体**），观察现象并记录。

实验分析

化学反应　A-B + C ⟶ A + B-C

反应物　　生成物

反应物和生成物由不同微粒组成，有的微粒是由多个原子组成的（如微粒 A–B 由原子 A 与 B 组成），化学键是微粒内使两个原子连结在一起的吸引力，就像胶水。

不同物质化学键的强度不同，有的比较弱，像是便利贴，有的非常强，如 502 胶水。

在化学反应中，反应物 A–B 的化学键断裂，需要吸收热量，而原子 B 与 C 结合形成新的化学键（微粒 B–C）会释放热量。

如果在化学反应中生成物放出的热量小于反应物吸收的热量，则表现为吸热反应，如柠檬酸与碳酸氢钠相遇时的反应。相反，如果生成物放出的热量大于反应物吸收的热量，则表现为放热反应，如双氧水的分解反应。

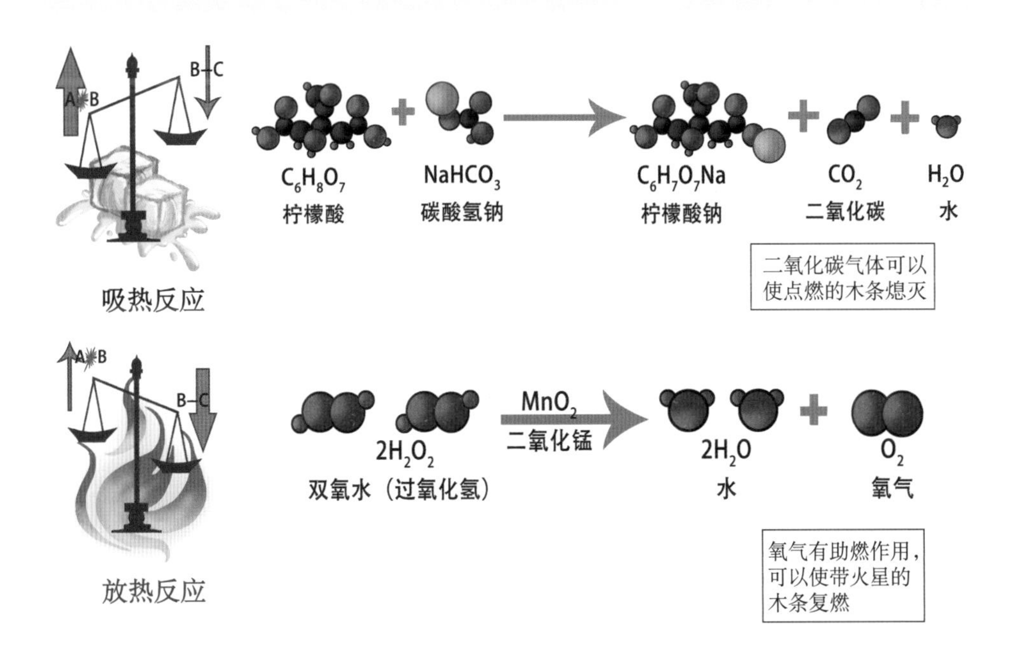

（E）自选补充实验

（1）用不同比例的柠檬酸与碳酸氢钠重复（D）中反应 1 的步骤（1）至（3）。例如，1.0 g 柠檬酸 +2.6 g 碳酸氢钠，或者 4.0 g 柠檬酸 + 2.6 g 碳酸氢钠等，探究化合物的质量不同是否对反应产生影响。

（2）用 2.6 g 碳酸氢钠（不要加柠檬酸）与 25 mL 白醋代替水重复反应 1 的步骤（1）至（4）。

（3）在药店买一盒泡腾片，查看它的化学成分是什么？ 如果用一粒泡腾片与 25 mL 水重复（D）中反应 1 的步骤（1）至（4），你能预测实验结果吗？

预测后完成实验！

（4）还能想到什么实验？发挥你的想象力吧！

安全提示：若袋子由于气体过多而鼓胀，
请放出部分气体避免袋子爆裂！

实验八 金属和电的故事

自 1831 年法拉第发现电磁感应以来，金属和电之间的故事就拉开了序幕。比如，利用金属线圈在磁场中转动制造出世界上第一台能产生连续电流的发电机。随着科学技术的发展，电力的产生方式也变得多种多样，如利用水位落差进行水力发电、利用风力带动风车叶片旋转发电，还有利用可燃物（多为化石燃料）燃烧时产生的热能通过发电动力装置将化学能转化为电能等。除此之外，还有我们生活中常见的电池是通过金属外皮和内部物质发生化学反应产生电能。那么，金属是如何产生电能的？电能又能否反过来产生金属呢？

我们将在接下来的实验中学习相关的化学知识，解答这些问题。

（A）预备工作

戴护目镜、穿实验服，严格按照安全手册和实验步骤操作。

将纯净水（注：不能用自来水或矿泉水）倒进洗瓶，按照下表准备相应试剂和器材。

做实验之前先戴手套，注意安全！

铜片

锌片和铜片边缘锋利，使用时请注意安全

大量筒（100 mL）	二水氯化亚锡（225.65 g）
小量筒（25 mL）2 个	五水硫酸铜（30 g）
小烧杯（250 mL）3 个	七水硫酸锌（30 g）
大烧杯（500 mL）	锌粒 2 粒
样品管（25 mL）6 个	培养皿 1 个
二极管灯泡 1 个	电池架 1 个
手套 1 副	红色、黑色鳄鱼夹导线各 1 条
电池（5 号）4 节	彩色鳄鱼夹导线 3 条
标签纸 8 个	铜片 2 个
锌片 2 个	洗瓶
有机玻璃棒	注射器（5 mL，不带针头）1 个

氯化亚锡为白色或白色单斜晶系结晶，易溶于水，常用于染料、香料、制镜、电镀等工业，以及用作超高压润滑油、漂白剂。

氯化亚锡溶液的配制方法（由教师完成，注意要戴手套操作）：称取 225.65 g 二水氯化亚锡，放在大烧杯中，向大烧杯中加入浓盐酸，直至二水氯化亚锡完全溶解，将溶液转移至 1 升（L）容量瓶中，并加纯净水至刻度线，摇匀，静置 24 小时后使用。

硫酸锌是一种无机物，无色或白色结晶、颗粒或粉末，主要用于制取锌化合物原料等，也用作动物饲料添加剂、纺织工业中的媒染剂、杀真菌剂、木材和皮革防腐剂等。

硫酸铜、硫酸锌溶液的配制方法（由教师完成）：

1 摩尔 / 升（mol/L）硫酸铜溶液的配制方法为，称取 25.0 g 五水硫酸铜，放入干净的小烧杯中，用量筒加入 100 mL 纯净水，搅拌均匀待用。

1 mol/L 硫酸锌溶液的配制方法为，称取 28.8 g 七水硫酸锌，放入干净的小烧杯中，用量筒加入 100 mL 纯净水，搅拌均匀待用。

（B1）观察变化：金属之间的“交易”

（1）将小量筒分别贴上标签 A 和 B、样品管分别贴上标签 1 和 2。

（2）用小量筒 A 量取 10 mL 纯净水与 10 mL 氯化亚锡溶液，加入样品管 1 中盖好盖子，摇匀。向样品管中加 1 粒金属锌，盖好盖子，放在无干扰的位置，观察现象并记录。

（3）用小量筒 B 量取 18 mL 纯净水，加入样品管 2 中并用注射器加入 2 mL 硫酸铜溶液，盖好盖子，摇匀。向样品管中加 1 粒金属锌，盖好盖子，将样品管放在无干扰的位置，观察现象并记录。

编号	物质	实验现象	结果分析
样品管 1	锌粒 + 氯化亚锡溶液		
样品管 2	锌粒 + 硫酸铜溶液		

用洗瓶把所有实验仪器洗干净，将废水倒入废液盆里。

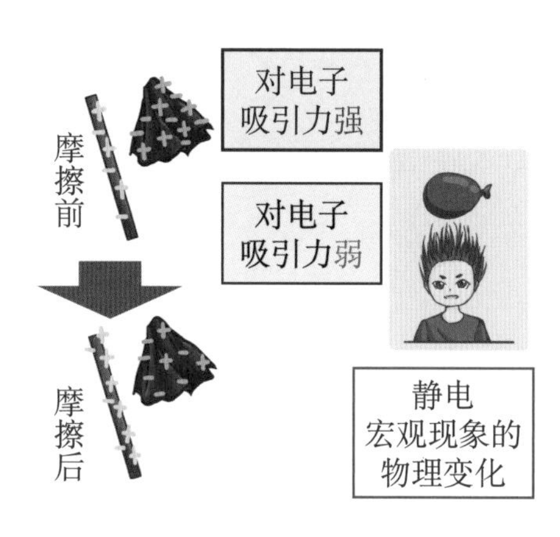

所有金属中有大量流动电子存在。

未通电时，电子在导线中四处“游荡”。

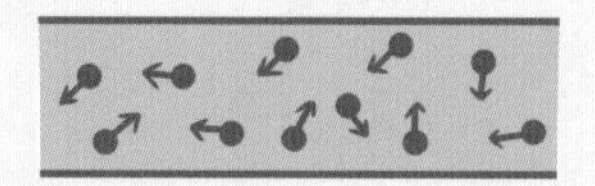

通电后，电子从电池的**负极**经过导线流向**正极**，因此，**金属才能作为导电体。**

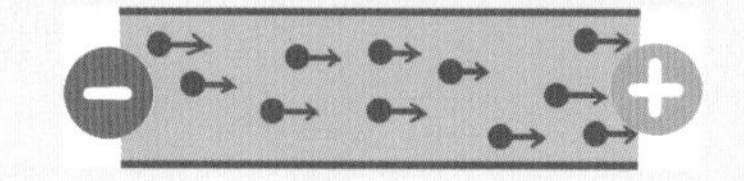

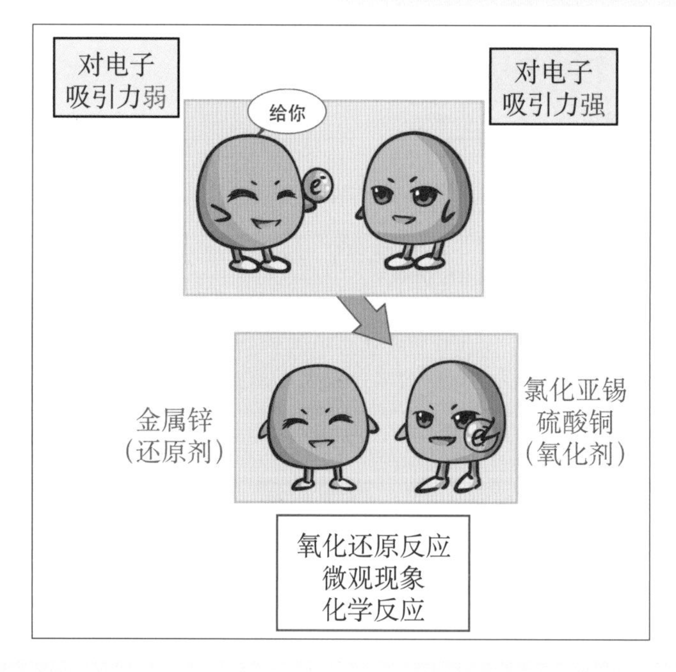

同摩擦起电现象一样，不同金属对电子有**不同的吸引力**（电负性）。

电子从吸引力**弱**的金属**转移**到吸引力**强**的金属化合物会引起化学反应，即氧化还原反应。

吸引力**强**的金属化合物（电子受体）作为**氧化剂**，本身被**还原**。

吸引力**弱**的金属（电子给体）作为**还原剂**，本身被**氧化**。

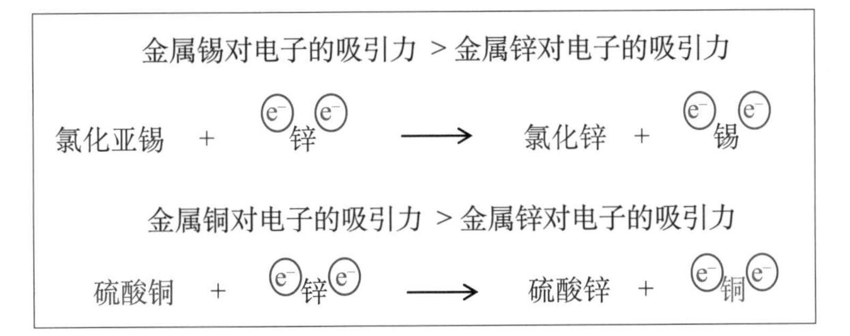

电负性表示两个不同原子形成化学键时吸引电子能力的相对强弱。元素电负性越大，其原子在化合物中吸引电子的能力越强。

（B2）电生金属

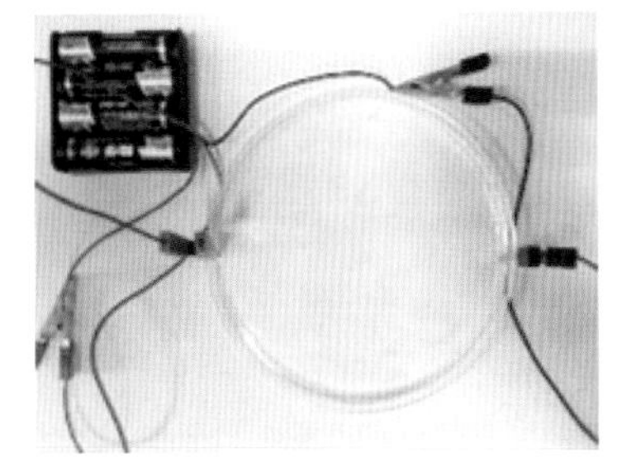

（1）将培养皿放在白纸上，用大量筒量取 **100 mL 氯化亚锡溶液**，加入培养皿中。

（2）将电池架的红色导线与红色鳄鱼夹连接，黑色导线与黑色鳄鱼夹连接，并将另一端的鳄鱼夹分别夹在培养皿上（注：鳄鱼夹必须接触培养皿中的溶液），如图，观察现象并记录。

（3）预测：将两条导线互换连接方式（红色导线连接黑色鳄鱼夹，黑色导线连接红色鳄鱼夹），培养皿上的鳄鱼夹保持不变会发生什么现象？

（4）互换导线后，观察现象并记录，与你的预测相比较。

预测结果：	实际结果：

（5）将培养皿中的氯化亚锡溶液轻轻地倒入大烧杯中（尽量不要把固体倒进烧杯），将培养皿用洗瓶洗净。待烧杯中的溶液静置后，再将上层清液倒入氯化亚锡溶液瓶中保存（固体弃去），下次可继续使用。

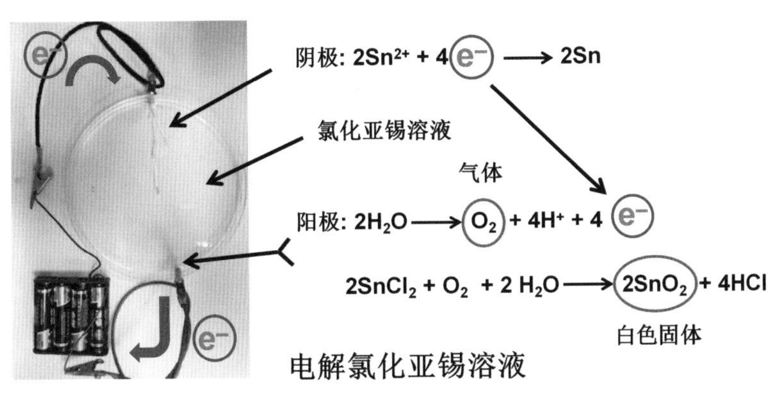

电解氯化亚锡溶液

• 电池、导线和氯化亚锡溶液组成了一个**电解池**。

• 电子从电池的负极经过导线到达阴极，**氯化亚锡**溶液中的微粒（二价锡离子，Sn^{2+}）在阴极上得到电子进行**化学反应**（还原反应），变成金属**锡**（Sn，银色的树枝状晶体）。

• 注：无论电子的来源是电池（本实验）或金属锡（实验 B1），发生的化学反应是同一种还原反应——氯化亚锡溶液中的微粒（二价锡离子，Sn^{2+}）变成金属**锡**（Sn）。

• 在电解池阳极，**水**中的微粒（水分子，H_2O）释放出电子，发**生化学反应**（氧化反应），分解成**氧气**（O_2）和**氢离子**（H^+）。

• 另外，在电解池阴极，**氯化亚锡**与**氧气**、**水**进一步发生**化学反应**生成**氧化锡**（SnO_2，白色固体）和**氯化氢**（HCl）。

• **本实验表明，来自电池的电子会引起化学反应。**

电解池是在外加电源的作用下，将电能转变成化学能的装置。

（B3）自选补充实验

（1）**预测**：将铜片放在**硫酸锌溶液**中会发生化学反应吗？进行实验，看看你的预测是否正确。

（2）比较其他金属（铝、铁、银等）与金属锡、铜、锌对电子的吸引力。在实验中，观察哪种金属对电子的吸引力最强，哪种金属对电子的吸引力最弱？

（C1）金属生电——丹尼尔电池实验

（1）将样品管贴上标签 3 至 6。

（2）用小量筒 B 量取两份 15 mL 硫酸铜（$CuSO_4$）溶液分别加入样品管3与4中。用小量筒A向样品管5与6中分别加入15 mL硫酸锌（$ZnSO_4$）溶液。把 4 个样品管放入 250 mL 烧杯中。

（3）用一条鳄鱼夹导线的两端夹住一个铜片和一个锌片，把铜片放入 3 号样品管的硫酸铜溶液中，锌片放入 5 号样品管的硫酸锌溶液中。

（4）用一条鳄鱼夹导线连接另一个铜片与二极管灯泡的长端，另一条鳄鱼夹导线连接另一个锌片与二极管灯泡的短端。

（5）分别把铜片放入4号样品管的硫酸铜溶液中，锌片放入6号样品管的硫酸锌溶液中，如下图。

（6）用纸巾拧成两条“绳子”作为“盐桥”，用两条“绳子”分别连接硫酸铜溶液和硫酸锌溶液（分别连接3号与6号、4号与5号样品管），如下图所示。等待“绳子”吸足溶液后，观察现象并记录。

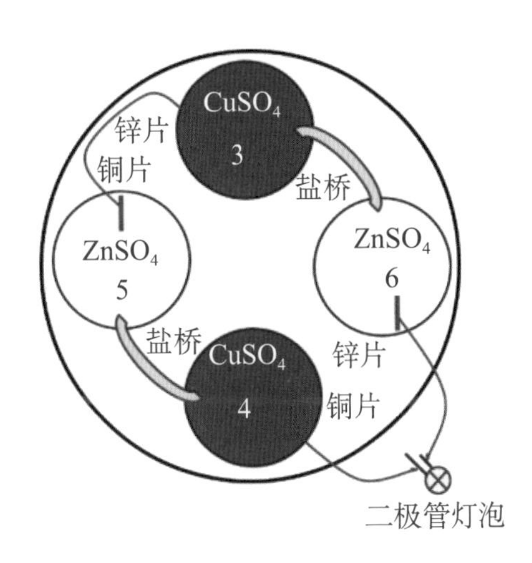

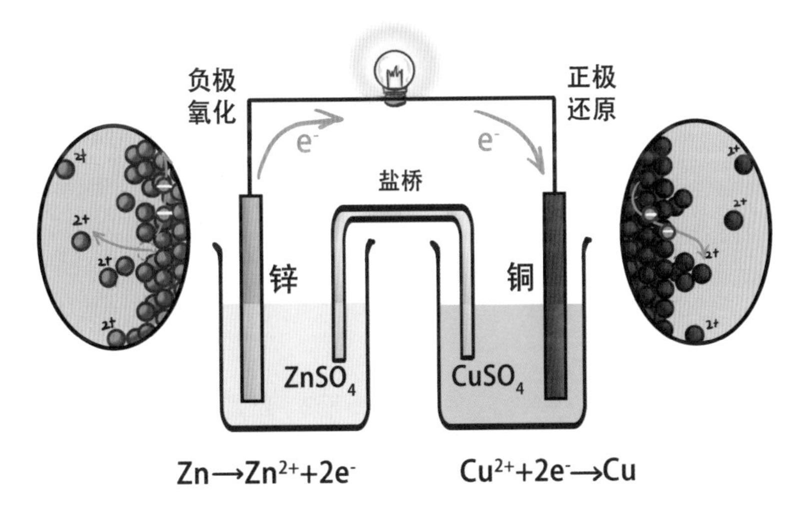

• 锌片、铜片、导线、硫酸铜溶液、硫酸锌溶液，以及“盐桥”组成一个原电池。

• 硫酸铜溶液中的微粒（二价铜离子，Cu^{2+}）从铜片上得到电子，进行化学反应（还原反应），变成金属铜，使铜片带正电荷（铜片做正极）。

• 带正电的铜片吸引锌片失去电子（锌片做负极），进行化学反应（氧化反应）变成硫酸锌溶液中的微粒（锌离子，Zn^{2+}）。

• 电子通过导线从电池的负极流向正极，同时带电离子通过“盐桥”保持电荷平衡，形成电流，使二极管灯泡发光。

• 本实验表明，通过化学反应可以发电。

（C2）自选补充实验：水果电池

（1）你能否利用铜片、锌片和导线、水果做成电池，使二极管灯泡发光？

（2）试试用橙子、西瓜等水果做这个实验！

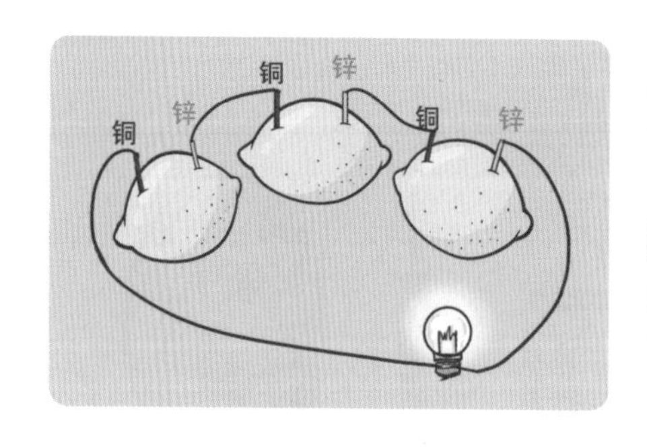

注意：锌片和铜片使用后表面会变黑，可以用纱布擦净后继续使用，金属片锋利，不要伤到手哦！

实验九

化学变色龙

自然界存在一种神奇的动物，它可以在冷静时变成绿色，在兴奋时变成鲜艳的黄色、橙色、红色等颜色。这种动物的中文学名叫作避役，俗称变色龙。

化学世界中也存在“变色龙”：刚切开的苹果表面是浅黄色的，放置在空气中不一会就变成褐色；切过咸菜的菜刀若不及时清洗则会慢慢生锈；古代的铜器历经千年之后，表面会变成绿色……这些现象有一个共同的特征——发生了氧化还原反应。那么，化学世界中的“变色龙”会在什么情况下变色呢？它们的颜色变化又有什么规律？

在本节实验中，我们将要探索化学“变色龙”的变色原理、变色条件，以及尝试用氧化还原反应解释生活中的一些现象。

（A）预备工作

戴护目镜、穿实验服，严格按照安全手册和实验步骤操作。

将纯净水（注：不能用自来水或矿泉水）倒进洗瓶，按照下表准备相应材料。

大量筒（100 mL）	碳酸钠（10 g）
小量筒（25 mL）2个	焦亚硫酸钠（5 g）
有机玻璃棒	高锰酸钾（1 g）
大烧杯（500 mL）	硫酸氢钠（10 g）
小烧杯（250 mL）2个	二水氯化钙（10 g）
电子秤	蔗糖（10 g）
不锈钢药勺	试管架
试管刷1个	试管（10 cm）6个
滴管10个	注射器（1 mL）2个
称量杯5个	注射器（5 mL）2个
样品管4个	标签纸24个
洗瓶	

焦亚硫酸钠是一种无机化合物，为白色或黄色结晶，常用于照相工业中的定影剂配料，以及酿造工业中的防腐剂等。在食品加工中，作为防腐剂、漂白剂、疏松剂等。

高锰酸钾是一种强氧化剂，为黑紫色、细长的棱形结晶或颗粒，溶于水，但接触易燃材料可能引起火灾，被广泛用作氧化剂。在医药行业用作防腐剂、消毒剂、除臭剂、解毒剂等，在水质净化及废水处理中，作为水处理剂。

硫酸氢钠也称酸式硫酸钠，它的无水物有吸湿性，水溶液显酸性，在实验室中用于制取硫酸。

二水氯化钙是一种白色或灰色化学品，多以颗粒状呈现，常作为融雪剂来使用。

（B1）化学变色龙：观察变化

（1）将一个称量杯放在电子秤秤盘上，按“清零”键，电子秤显示为“0.00”，用不锈钢药勺在称量杯里称取 **0.20 g 高锰酸钾**放入大烧杯中。

（2）用大量筒量取 400 mL 纯净水倒进大烧杯，用有机玻璃棒搅拌使**高锰酸钾**固体完全溶解，将烧杯贴上标签“**高锰酸钾溶液**”（**注：高锰酸钾溶液在后面的实验中会继续使用**）。

（3）将有机玻璃棒洗净并用纸巾擦干，用电子秤和称量杯称取 2.0 g 蔗糖放入一个小烧杯中，用大量筒量取 100 mL 纯净水倒进小烧杯，搅拌使固体完全溶解，将烧杯贴上标签“蔗糖溶液”。

（4）在另一个小烧杯中用 5.0 g 碳酸钠与 100 mL 纯净水按照步骤（3）配制“碳酸钠溶液”，并用标签标记。

（5）用标签纸将 4 个样品管标上 1 至 4 号，将两个小量筒标记为 A 和 B。用小量筒 A 向样品管 1 中加入 20 mL 纯净水，向样品管 2 中加入 10 mL 纯净水与 10 mL 碳酸钠溶液。用小量筒 B 向样品管 3 中加入 10 mL 纯净水与 10 mL 蔗糖溶液。

（6）分别向样品管1、2、3中用注射器加入4 mL高锰酸钾溶液，盖上盖子，摇匀，观察现象并记录。

（7）先用小量筒A向样品管4中加入10 mL碳酸钠溶液，并用小量筒B加入10 mL蔗糖溶液，再用注射器加入4 mL高锰酸钾溶液，盖上盖子，摇匀，观察现象并记录。

（8）将样品管4放在无干扰的位置静置，等实验结束再观察现象并记录。

编号	加入物质	实验现象	实验结果
1	20 mL 纯净水		
2	10 mL 纯净水 + 10 mL 碳酸钠溶液		
3	10 mL 纯净水 + 10 mL 蔗糖溶液		
4	10 mL 蔗糖溶液 + 10 mL 碳酸钠溶液		

用洗瓶把所有实验仪器洗干净，将废水倒入废液盆里（注：保留样品管1至4号的标签）。

实验分析

摩擦前
对电子
吸引力强
摩擦后
对电子
吸引力弱
静电
宏观现象
物理变化

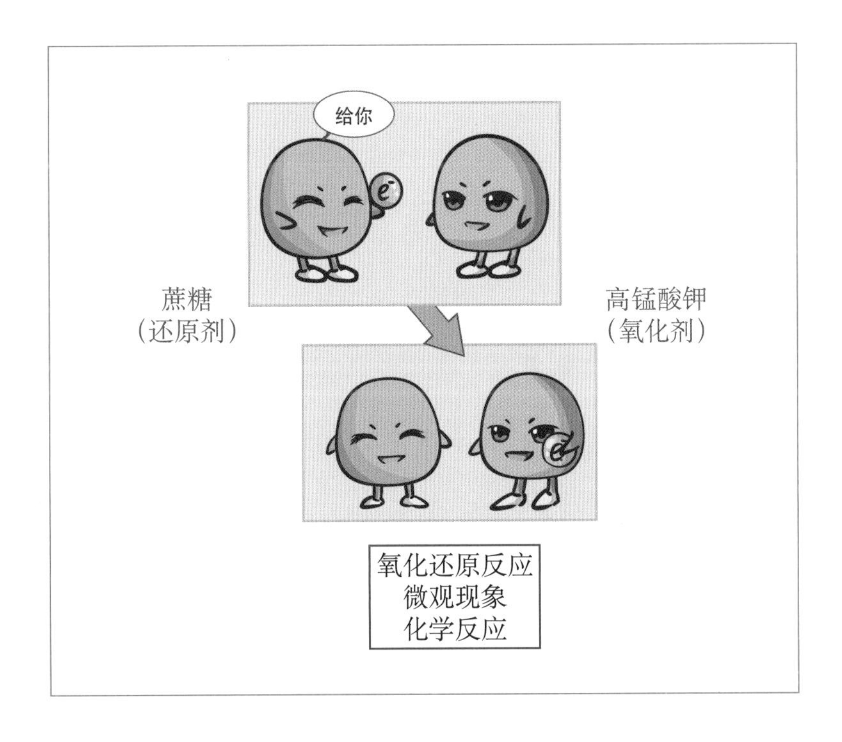
给你
蔗糖
（还原剂）
高锰酸钾
（氧化剂）
氧化还原反应
微观现象
化学反应

同摩擦起电一样，不同物质的微粒对电子的吸引力也不同，有的微粒吸引力强（如高锰酸根离子），有的对电子的吸引力弱（如蔗糖分子）。当两种微粒碰撞时，电子会从吸引力弱的微粒转移到吸引力强的微粒上，两种微粒分别失去和获得电子，变成新的不同的微粒，即**发生化学反应**。

• 在**碱性**条件下（加了碳酸钠溶液），**高锰酸根离子**（MnO_4^-，七价锰）连续获得电子发生**化学反应**，首先被**还原**成MnO_4^{2-}（六价锰）[反应初时的蓝色液体为 MnO_4^- 与 MnO_4^{2-} 的混合物]，最后被还原成 MnO_2（四价锰）。

当然，蔗糖连续失去电子，发生**化学反应**，被**氧化**变成新的物质。

• 在**中性**条件下（未加碳酸钠溶液），**高锰酸根离子**作为比较弱的氧化剂，与蔗糖发生慢速化学反应。

• **高锰酸根离子**单独与碳酸钠在一起时，不发生化学反应。

（B2）自选补充实验

（1）**探索**：取不同量的**蔗糖溶液**、**碳酸钠溶液**、**高锰酸钾溶液**、**水**等对实验结果会有影响吗？

（2）用其他材料（食盐、味精、葡萄糖等）代替蔗糖重复实验。

（3）发挥你的想象力，还能想到什么实验？

（C1）观察变化：不可思议的“漂亮溶液”

（1）**酸性高锰酸钾溶液**的配制：用电子秤称取 5.0 g 硫酸氢钠固体，加入到干净的小烧杯中，用大量筒量取 100 mL 实验（B1）中配制的**高锰酸钾溶液**，倒入小烧杯中，用有机玻璃棒搅拌使固体完全溶解，将烧杯贴上标签“**酸性高锰酸钾溶液**”。

（2）用电子秤和干净且干燥的称量杯称取 2.1 g 碳酸钠，放入样品管 1 中，用小量筒向样品管 1 中加入 20 mL 纯净水，盖上盖子，摇一摇使固体完全溶解，得到碳酸钠溶液。

（3）根据步骤（2）和下表中的数据，分别配制焦亚硫酸钠溶液（在样品管 2 中）和二水氯化钙溶液（在样品管 3 中）。

编号	药品	纯净水	配制溶液
1	2.1 g 碳酸钠	20 mL	碳酸钠溶液
2	2.5 g 焦亚硫酸钠	20 mL	焦亚硫酸钠溶液
3	9.0 g 二水氯化钙	20 mL	氯化钙溶液

（4）用标签将 6 个试管按照 A ～ F 编号，依次放到试管架上。

（5）将两个 5 mL 注射器分别标记为 1 号和 3 号，1 mL 注射器标记为 2 号。向试管 A 中慢慢倒入适量（不超过试管的三分之一）**酸性高锰酸钾溶液**，观察现象并记录。

（6）用注射器 1 向试管 B 中加入 3 mL 碳酸钠溶液（样品管 1），再慢慢倒入适量酸性高锰酸钾溶液，观察现象并记录。

（7）用注射器 2 向试管 C 中加入 0.5 mL 焦亚硫酸钠溶液（样品管 2），再慢慢倒入适量酸性高锰酸钾溶液，观察现象并记录。

（8）用注射器 1 向试管 D 中加入 3 mL 碳酸钠溶液（样品管 1），然后用注射器 2 加入 0.5 mL 焦亚硫酸钠溶液（样品管 2），摇匀。

预测：加入酸性高锰酸钾溶液后会出现什么现象？

（9）向试管 D 中慢慢倒入适量酸性高锰酸钾溶液，观察现象 并记录，与你的预测相比较。

（10）用注射器 2 向试管 E 中加入 0.5 mL 焦亚硫酸钠溶液（样品管 2），并用注射器 3 加入 3 mL 氯化钙溶液（样品管 3），摇匀，再慢慢倒入适量酸性高锰酸钾溶液，观察现象并记录。

（11）用注射器 3 向试管 F 中加入 3 mL 氯化钙溶液（样品管 3）。

预测：加入酸性高锰酸钾溶液后会出现什么现象？

（12）向试管 F 中慢慢倒入适量酸性高锰酸钾溶液，观察现象并记录，与你的预测相比较。

将实验情况记录在下页的实验分析中。

试管编号	加入物质	实验现象	实验分析
A	无		
B	3 mL 碳酸钠溶液		
C	0.5 mL 焦亚硫酸钠溶液		
D	0.5 mL 焦亚硫酸钠溶液 + 3 mL 碳酸钠溶液	预测： 现象：	
E	0.5 mL 焦亚硫酸钠溶液 + 3 mL 氯化钙溶液		
F	3 mL 氯化钙溶液	预测： 现象：	

得到的溶液是不是像某种饮料？

实验用的溶液千万不能喝！

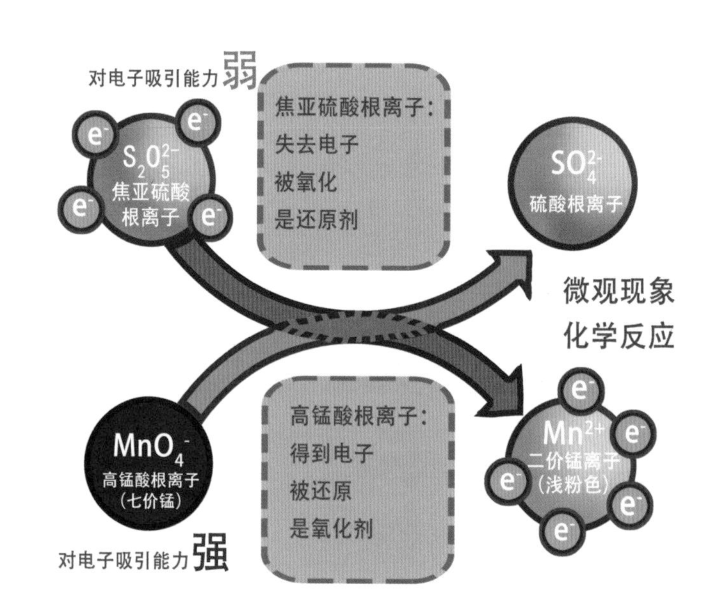

高锰酸根离子与焦亚硫酸根离子发生一种化学反应（**氧化还原反应**）产生非常浅的粉红色（接近无色）液体，在样品管C、D、E中发生这种反应。

$$4MnO_4^- + 5S_2O_5^{2-} + 2H^+ \rightarrow 4Mn^{2+} + 10SO_4^{2-} + H_2O$$

硫酸氢钠与碳酸钠发生另一种化学反应（酸碱反应），产生二氧化碳（CO_2）气泡，在样品管 B 和 D 中发生这种反应。

$$H_2SO_4+Na_2CO_3 \rightarrow Na_2SO_4+CO_2+H_2O$$

硫酸氢钠与氯化钙溶液发生第三种化学反应（复分解反应），产生不溶于水的白色固体，这种固体就是我们常说的石膏，化学名为硫酸钙（$CaSO_4$），在样品管 E 和 F 中发生。

$$H_2SO_4+CaCl_2 \rightarrow CaSO_4+2HCl$$

复分解反应是指两种化合物相互交换离子或基团生成另外两种化合物的非氧化还原反应。

（C2）自选补充实验——表演“化学魔术”

（1）将一个装葡萄味汽水的空瓶洗干净，将酸性高锰酸钾溶液倒入瓶子里。

（2）用 5 个红酒杯或其他玻璃杯代替试管 A ~ E，你能不能给朋友表演化学魔术，使“漂亮的溶液”分别变成“水”“苏打水”“牛奶”“葡萄奶昔”呢？

做完表演立即把汽水瓶洗干净并投入垃圾箱，实验中的溶液不能喝！

做完实验后，把仪器清洗干净，打扫桌面、洗手。

实验十

谁是维C王

在16世纪时，长时间在海上航行的水手常常患上一种可怕的病——最初的症状只是牙龈出血、全身无力且伴随肌肉疼痛，然后慢慢地衰弱到无法工作，直至死去。人们将这种病称为“坏血病”，在很长一段时间内，“坏血病”被当成一种不治之症。直到1753年，詹姆斯·林德医生发现食用柑橘和新鲜蔬菜可以有效治疗“坏血病”。从此之后，人们才认识到“坏血病”是由于长期缺乏维生素C（有时被人们简称为“维C”）引起的，因此又把“坏血病”称为维生素C缺乏症。

维生素C是人体必需的营养物质之一，补充维生素C的主要来源是食用新鲜的蔬菜、水果。

想必大家一定有这样的疑惑：新鲜的水果、蔬菜中维生素C含量最高的是谁？接下来，我们用化学方法一起探索果蔬中的“维C之王”吧！

（A）预备工作

戴护目镜、穿实验服，严格按照安全手册和实验步骤操作。

将纯净水（注：不能用自来水和矿泉水）倒进洗瓶，按照下表准备相应材料。

大量筒（100 mL）	碘酒*（50 mL）/瓶
研钵（带研磨棒）	可溶性淀粉（1 g）
有机玻璃棒	维生素C片（100 mg/粒）5粒
大烧杯（500 mL）	250 mL容量瓶
小烧杯（250 mL）3个	一次性塑料杯
电子秤	苹果
小量筒（25 mL）1个	彩椒
滴管10个	小刀与切菜板
注射器（5 mL）1个	标签纸
洗瓶	记号笔

淀粉溶液的配制（由老师或家长完成，小心别被烫伤）：

称取0.5 g可溶性淀粉置于小烧杯中，加入10 mL纯净水搅匀，再加入90 mL沸水并搅匀，直至完全溶解，冷却待用。

* 可从药店购买普通碘酒，不能使用复合碘酒。

（B1）比较苹果和彩椒中的维生素 C 含量

VS.

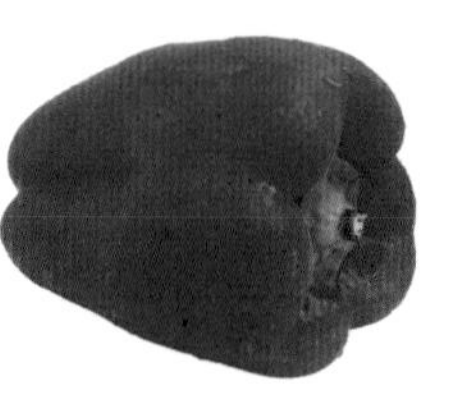

（1）**标记塑料杯体积**：用标签将两个一次性塑料杯标记为 A 和 B。

用大量筒量取 100 mL 纯净水，倒入塑料杯 A，用记号笔标记水的位置（如右图）。用同样方法在塑料杯 B 上标记 100 mL 位置，将水倒回洗瓶，并将塑料杯擦干。

（2）用小刀和菜板（**注意安全**）将苹果切成小块，用电子秤称取大约 10.0 g 苹果加入塑料杯 A 中，并在记录表中记录实际的质量（J1）。

（3）将苹果块倒入研钵内，用研磨棒把苹果磨碎。

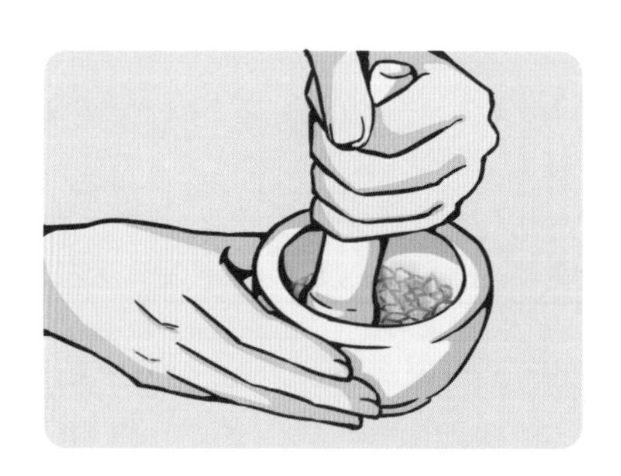

（4）将研钵中的苹果汁和残渣一起转移到塑料杯 A 中，并用洗瓶将研钵和研磨棒冲洗干净，确保苹果残留物全部转移到塑料杯中，加水至刻度线。

（5）用有机玻璃棒轻轻搅拌塑料杯中的混合物 1 分钟，用注射器向混合物中加入 3 mL 淀粉溶液并搅拌均匀。

（6）小心地向混合物中滴加 1 滴碘酒并搅拌，继续滴加碘酒（每加 1 滴后都要轻轻地搅拌溶液），当溶液变成蓝黑色时停止，记住碘酒的滴数。继续搅拌 30 秒，保证混合物颜色不褪色（若 30 秒内褪色，继续滴加碘酒）。在表中记录滴加碘酒的总滴数（K1）。

（7）把研钵和研磨棒、有机玻璃棒及塑料杯用洗瓶洗干净，废水倒入废液盆中。

（8）用塑料杯 A 重复步骤（1）至（7）一次，在表格中记录下数据（J2、K2）。

（9）将苹果换成彩椒，用塑料杯 B 重复步骤（1）至（7）两次，在表格中记录下数据（M1、N1；M2、N2）。

（10）根据公式计算出每克食物所需碘酒的滴数，记录在下表中，并求出每克苹果和彩椒所需的平均滴数（L、S），比较 L 和 S 的大小，思考实验结果说明了什么。

样品	称量质量	滴加碘酒滴数	每克食物所需碘酒的滴数	每克食物所需碘酒的平均滴数
苹果	J1	K1	K1 ÷ J1 = L1	（L1+L2）÷ 2=L
	J2	K2	K2 ÷ J2 = L2	
彩椒	M1	N1	M1 ÷ N1 = S1	（S1+S2）÷ 2=S
	M2	N2	M2 ÷ N2 = S2	

实验表明**碘微粒**对电子的吸引力**很强**。获得电子后，红棕色的**碘**被**还原**形成无色的物质（**碘**作为**氧化剂**）。利用碘的**氧化性**，碘酒常用于对伤口杀菌消毒。

与“化学变色龙”中的焦亚硫酸钠相同，**维生素 C** 微粒对电子的吸引力**弱**，可以作为还原剂与**碘**发生反应，生成新的无色产物，**其氧化还原反应速率非常快**。

碘与**淀粉**可以发生另一种**慢速化学反应**，生成**蓝黑色**的络合物。其反应**速率慢**的原因是淀粉的微粒大，扩散速度慢。

因此，在滴加碘酒时，若维生素 C 存在，则溶液颜色为无色。维生素 C 被完全消耗后，碘只能与**淀粉**发生**化学反应**变成**蓝黑色**的络合物。

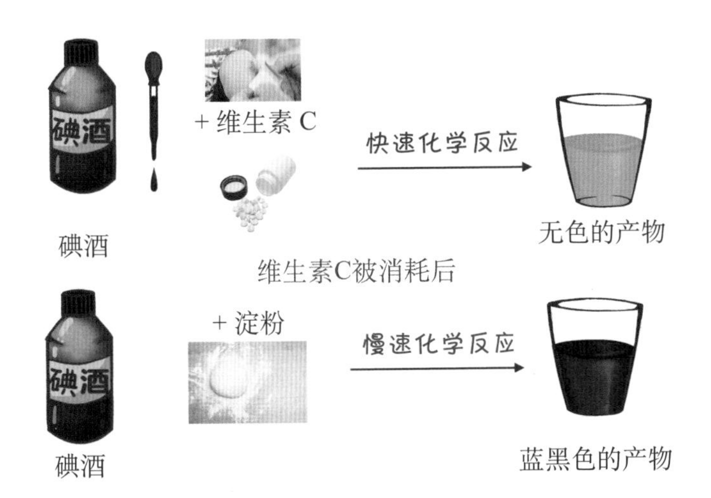

络合物，由一些带负电的基团或电中性的极性分子，同金属离子或原子形成的配位化合物。

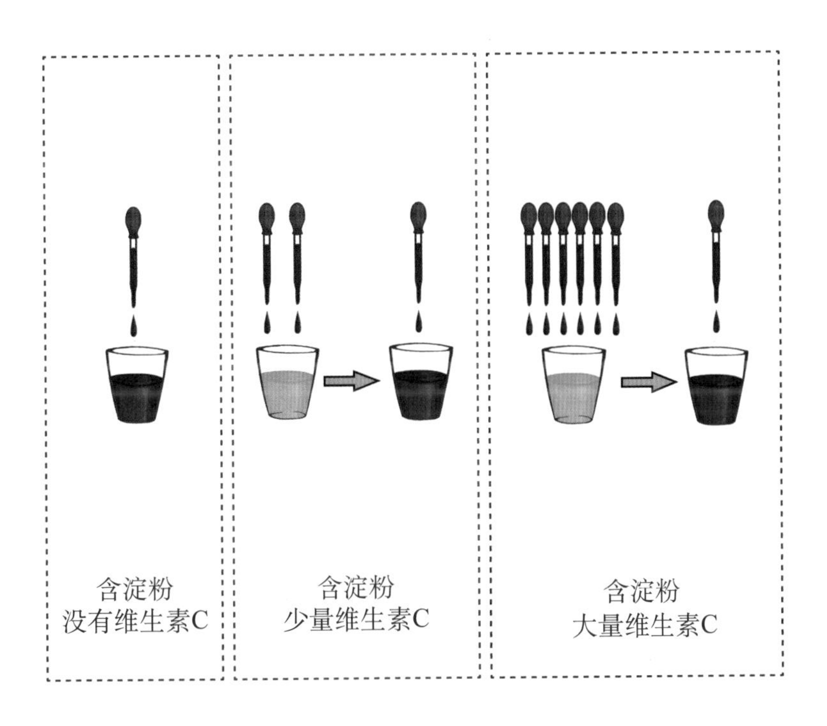

维生素C和淀粉同时存在于溶液中时，碘先和维生素C反应（碘酒由红棕色变为无色），当维生素C被消耗完之后，碘与淀粉反应生成蓝黑色的产物。

（B2）自选补充实验

（1）猜一下你平时吃的水果和蔬菜（黄瓜、番茄、梨、桃子等）中，谁的维生素C含量较高？

（2）有人说猕猴桃是水果中的“维C之王”，通过实验验证这是不是真的。

设计实验来验证你的猜测是否正确！

（C1）碘校准实验

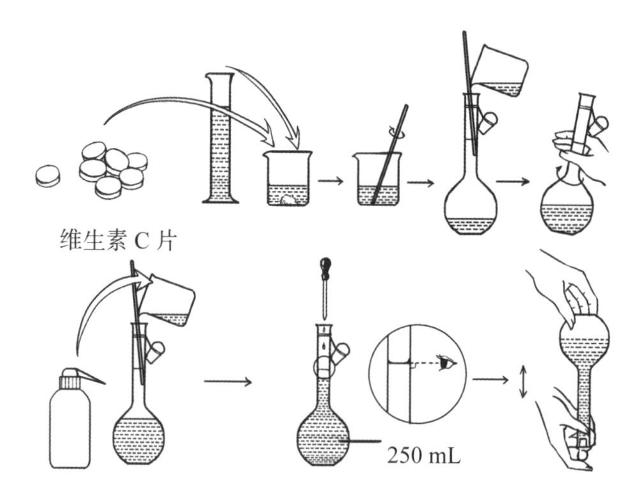

正确使用容量瓶

（1）维生素C标准溶液的配制：取3片维生素C片，放入干净的烧杯中，大量筒中加入100 mL纯净水，用有机玻璃棒搅拌至维生素C片完全溶解，并用有机玻璃棒引流，将烧杯中的溶液转移到容量瓶中。用洗瓶冲洗烧杯两次（不能加太多水），并将溶液全部转移到容量瓶中。加纯净水至容量瓶的刻度线（最后用滴管定容），盖上容量瓶塞，摇匀，贴上标签标记为维生素C标准溶液。

标准溶液：已知准确浓度的溶液为标准溶液。

（2）实验中使用的每片维生素C含量均为100毫克（mg），在表格中记录标准溶液中维生素C的含量（A），加入容量瓶中纯净水的量（B），以及计算出维生素C标准溶液的浓度（C）。

（3）向小量筒中加入25 mL（体积记为D）维生素C标准溶液，倒入烧杯中，并继续用小量筒向烧杯中加入75 mL纯净水。

（4）用注射器向混合物中加入3 mL淀粉溶液并搅拌均匀。

（5）小心地向烧杯的混合溶液中滴加1滴碘酒并搅拌，继续滴加碘酒（每加1滴后都要轻轻地搅拌溶液），记住滴加碘酒的滴数，当溶液变成蓝黑色时停止，在表中记录添加的总滴数（F1）。

（6）为使校准实验更准确，重复步骤（2）至（5）两次，在表格中记录碘酒的滴数（F2、F3），并计算出三次滴定的平均滴数F，记录在表格中。

（7）计算出25 mL标准溶液中维生素C的含量（E），并在表中记录。

（8）计算出平均与1滴碘酒反应所消耗维生素C的量（G），并在表中记录。

	名称	结果记录	单位	数据
标准溶液配制	维生素 C 含量		毫克（mg）	A
	步骤（1）中加入纯净水的量		毫升（mL）	B
	校准液中每立方厘米维生素 C 的含量		毫克 / 毫升（mg/mL）	A ÷ B = C
碘校准实验	步骤（3）标准溶液的体积		毫升（mL）	D
	25 mL 标准溶液中维生素 C 的含量		毫克（mg）	C × D = E
	碘酒的滴数（第一次滴定）		滴	F1
	碘酒的滴数（第二次滴定）		滴	F2
	碘酒的滴数（第三次滴定）		滴	F3
	碘酒的平均滴数		滴	（F1+F2+F3）÷ 3=F
	平均每滴碘酒消耗的维生素 C 量		毫克 / 滴（mg/ 滴）	E ÷ F=G

你能根据校准后的碘溶液，计算出苹果和彩椒中各含有多少维生素C吗？将计算结果记录在下表中（P、Q）。

样品	每克食物所需碘酒的平均滴数	每滴碘酒消耗维生素C量的平均值	每克食物中含有的维生素C的含量
苹果	L	G	P
彩椒	S	G	Q

用洗瓶把所有实验仪器洗干净，
将废水倒入废液盆里。

（C2）自选补充实验

（1）称量两份质量相等的同种蔬菜或水果（如苹果、番茄、西瓜等），一份马上测量维生素C含量，另一份在空气中放置24小时后测量维生素C的含量，看结果是否相同并分析原因。

（2）称量两份质量相等的同种水果，测量维生素C含量，一份水果直接测量，另一份水果蒸熟之后测量，看结果是否相同？

（3）称量两份质量相等的同种水果，分别放在黑暗处和在阳光下照射，之后测量其维生素 C 含量是否相同?

猕猴桃

番茄

西瓜